信阳师范学院商学院 学术文库

WAISHANG ZHIJIE TOUZI DUI
ZHONGGUO TANPAIFANG QIANGDU DE
YINGXIANG YANJIU

外商直接投资对中国碳排放强度的影响研究

黄 杰◎著

U0307438

中国财经出版传媒集团
经济科学出版社
Economic Science Press

图书在版编目（CIP）数据

外商直接投资对中国碳排放强度的影响研究/黄杰著 . —北京：经济科学出版社，2018.8
（信阳师范学院商学院学术文库）
ISBN 978－7－5141－9595－8

Ⅰ．①外…　Ⅱ.①黄…　Ⅲ.①外商直接投资-影响-二氧化碳-排气-研究-中国　Ⅳ.①X511

中国版本图书馆 CIP 数据核字（2018）第 175844 号

责任编辑：顾瑞兰
责任校对：郑淑艳
责任印制：邱　天

外商直接投资对中国碳排放强度的影响研究

黄　杰　著

经济科学出版社出版、发行　新华书店经销
社址：北京市海淀区阜成路甲 28 号　邮编：100142
总编部电话：010-88191217　发行部电话：010-88191522
网址：www. esp. com. cn
电子邮件：esp@ esp. com. cn
天猫网店：经济科学出版社旗舰店
网址：http：//jjkxcbs. tmall. com
北京财经印刷厂印装
710×1000　16 开　9.25 印张　200000 字
2018 年 8 月第 1 版　2018 年 8 月第 1 次印刷
ISBN 978－7－5141－9595－8　定价：46.00 元
（图书出现印装问题，本社负责调换。电话：010-88191502）
（版权所有　翻印必究　举报电话：010-88191586
电子邮箱：dbts@ esp. com. cn）

总　序

商学院作为我校 2016 年成立的院系，已经表现出了良好的发展潜力和势头，令人欣慰、令人振奋。办学定位准确，发展思路清晰，尤其在教学科研和学科建设上成效显著，此次在郑云院长的倡导下，拟特别资助出版的《信阳师范学院商学院学术文库》，值得庆贺，值得期待！

商学院始于我校 1993 年的经济管理学科建设。从最初的经济系到 2001 年的经济管理学院、2012 年的经济与工商管理学院，发展为 2016 年组建的商学院，筚路蓝缕、栉风沐雨，凝结着教职员工的心血与汗水，昭示着商学院瑰丽的明天和灿烂的未来。商学院目前拥有河南省教育厅人文社科重点研究基地——大别山区经济社会发展研究中心、理论经济学一级学科硕士学位授权点、工商管理一级学科硕士学位授权点、理论经济学河南省重点学科、应用经济学河南省重点学科、理论经济学校级博士点培育学科、经济学河南省特色专业、会计学河南省专业综合改革试点等众多科研平台与教学质量工程，教学质量过硬，科研实力厚实，学科特色鲜明，培养出了一批适应社会发展需要的优秀人才。

美国是世界近现代商科高等教育的发祥地，宾夕法利亚大学沃顿于 1881 年创建的商学院是世界上第一所商学院，我国复旦公学创立后在 1917 年开设了商科。改革开放后，我国大学的商学院雨后春笋般成立，取得了可喜的研究成果，但与国外相比，还存在明显不足。我校商学院无论是与国外大学相比还是与国内大学相比，都是"小学生"，还处于起步发展阶段。《信阳师范学院商学院学术文库》是起点，是开始，前方有更长的路需要我们一起走过，未来有更多的目标需要我们一道实现。希望商学院因势而谋、应势而动、顺势而为，进一步牢固树立"学术兴院、科研强院"的奋斗目标，走内涵式发展之路，形成一系列有影响力的研究成果，在省内高校起带头示范作用；进一步推出学术精品、打造学术团队、凝练学术方向、培育学术特色、发挥学术优势，尤其是培养一批仍处于"成长期"的中青年学术骨干，持续提升学院发展后劲并更好服务地方社会，为我校实现高质量、内涵式、跨越式发展，建设更加开放、充满活力、勇于创新的高水平师范大学的宏伟蓝图贡献力量！

"吾心信其可行，则移山填海之难，终有成功之日；吾心信其不可行，则反掌折枝之易，亦无收效之期也。"习近平总书记指出，创新之道，唯在得人。得人之要，必广其途以储之。我们希望商学院加快形成有利于人才成长的培养机制、有利于人尽其才的使用机制、有利于竞相成长各展其能的激励机制、有利于各类人才脱颖而出的竞争机制，培植好人才成长的沃土，让人才根系更加发达，一茬接一茬茁壮成长。《信阳师范学院商学院学术文库》是一个美好的开始，更多的人才加入其中，必将根深叶茂、硕果累累！

让我们共同期待！

前　言

作为资本和技术国际流动的综合体，外商直接投资（FDI）成为众多发展中国家和地区经济起飞的重要动力，同时也对东道国的能源环境产生了深刻影响。伴随着改革开放进程的不断深化，中国的 FDI 利用规模持续扩大，二氧化碳排放总量不断增加，单位 GDP 二氧化碳排放量（碳排放强度）远高于同期世界平均水平。二氧化碳排放量剧增不仅使中国面临着巨大的国际减排压力，也严重制约着中国经济社会的可持续发展。

鉴于此，众多学者围绕 FDI 与东道国能源环境之间的关系展开了诸多研究，并提出了观点截然相反的"污染避难所"假说和"污染光环"假说，进而以此假说检验了 FDI 与东道国二氧化碳排放及碳排放强度之间的关系，但 FDI 究竟是提高还是降低了东道国碳排放强度仍尚存争议。就中国而言，在 FDI 与碳排放强度之间关系的研究中已涌现出许多富有价值的成果。但目前的研究文献大都是在单调的线性假设下就 FDI 对碳排放强度的影响进行的实证分析与理论阐释，因而无法对"污染避难所"和"污染光环"并存的事实给予合理解释。

针对现有研究中存在的不足和争议，本书首先在回顾梳理相关文献和理论假说的基础上，就 FDI 对碳排放强度影响的传导渠道进行理论推导；其次以 1997 ~ 2012 年中国省际面板数据为样本，采用动态面板模型、面板联立方程组模型和面板门槛模型等方法就 FDI 对碳排放强度的影响进行实证与规范相结合的研究。本书的研究结论主要体现在：

第一，在全国层面上，FDI 的进入显著降低了中国的碳排放强度。基于理论分析，实证考察了 FDI 的规模效应、结构效应和技术效应三种传导渠道对中国碳排放强度的具体影响，除结构效应为正外，FDI 对中国碳排放强度影响的规模效应、技术效应和总效应均为负。

第二，在区域层面上，FDI 对中国碳排放强度的影响存在显著差异。在东部地区，FDI 的进入显著降低了碳排放强度；在中部地区，FDI 虽然也在一定程度上降低了碳排放强度，但作用并不显著；而在西部地区，FDI 的进入则显著提高了碳排放强度。

第三，门槛模型分析表明，FDI 与碳排放强度之间并不是单调的线性关系，而呈现出显著的门槛效应。当 FDI 规模小于一定的门槛值时，FDI 的进入会显著提高中国的碳排放强度；只有当 FDI 规模超过一定的门槛值时，FDI 才会降低中国的碳排放强度。

第四，人均收入水平、环境规制强度、能源消费结构、能源消费强度、产业结构、城镇化水平、技术创新水平、人力资本水平等变量，在 FDI 与碳排放强度之间的非线性关系中表现出显著的门槛效应，当这些变量满足一定的门槛条件时，FDI 对碳排放强度的下降作用更加显著。

第五，基于理论分析与实证检验，本书认为，FDI 与碳排放强度之间的关系并非一直表现为"污染避难所"效应或"污染光环"效应，而是具有一定的门槛特征。FDI 的利用规模、城镇化水平、技术创新水平、产业结构和能源消费结构的高碳化是阻碍 FDI 降低碳排放强度的主要因素。因此，本书提出，要从促进 FDI 均衡发展、加大环境规制强度、加强自主创新能力、强化外资流入产业导向、优化能源结构、提高能源效率等方面入手，积极创造有利于发挥 FDI 降低中国碳排放强度的外部环境。

黄　杰

2018 年 6 月

目　录

第1章

导 论

1.1 选题背景

1.1.1 环境约束日益加剧，节能减排显得尤为紧迫

全球气候变暖深刻影响着人类生存和发展，正逐渐成为国际社会所面临最为严峻和复杂的挑战之一。气候变暖对地球造成的主要危害包括：干旱与洪涝并存、水土流失严重、土地沙漠化加剧、海平面上升、生物多样性减少以及病菌病毒滋生活跃等，这严重威胁人居环境，影响人类的生存安全与生活质量。1988年，世界气象组织与联合国环境规划署联合各会员国成立了政府间气候变化专门委员会（Intergovernmental Panel on Climate Change，IPCC），对有关气候变化的科学技术社会经济认知状况、气候变化原因、潜在影响和应对策略进行综合评估。IPCC评估结果认为，人为温室气体浓度的增加是全球平均气温升高的最可能原因，其可信度由IPCC第三次评估报告的66%提高到第四次评估报告的90%以上。

目前，气候变化已经对地球生态系统和人类社会造成了严重影响，并且这种影响将随着时间的推移进一步加深，影响程度与人类所采取的应对措施有关。目前，中高速增长已经成为中国经济的新常态，在积极适应新常态下坚持绿色发展，实现经济增长方式转型，不仅是中国长远发展的战略选择，也是解决资源环境问题、收获"金山银山"和"绿水青山"的必然要求。为此，党的十八届五中全会明确提出"创新、协调、绿色、开放、共享"的发展理念，党的十九大报告又进一步提出，要建立健全绿色低碳循环的经济发展体系，其关键在于构建

科技含量高、资源消耗低、环境污染少的绿色低碳生产方式。IPCC 评估报告指出，二氧化碳排放量的增加主要是由人类过度使用化石燃料所致，同时，二氧化碳也是导致气温升高的主要因素。科学家研究证实，越早采取措施控制温室气体排放，地球面临的威胁和人类遭受的损失就会越小。埃格伯特等（Egbert et al.，2015）利用复杂系统因果关系探测法进一步确认温度升高是由二氧化碳排放的正反馈导致。1906～2013 年，大气中的二氧化碳浓度已经从工业革命前的 280ppm 上升到 2013 年的 400ppm，上升了大约 40%，全球平均气温上升了 0.74℃，海洋的 PH 值下降了 0.1。如果二氧化碳排放不受控制，未来 100 年，全球平均气温将会升高 1.8～4℃，海洋表面的 PH 值将会下降 0.14～0.35。随着气温的持续升高，南北极地区的海洋冰川将会加速融化，未来海洋风暴的强度将会进一步增大，极端天气的出现频率也会增加。

中国作为世界上二氧化碳排放量较大的国家之一，一直是国际减排重点关注对象。伴随着经济的快速发展、城市化和工业化进程的加速推进，中国未来的能源消耗量和二氧化碳排放量将会持续上升。在国际减排的背景下，降低二氧化碳排放、实现低碳发展，不仅符合国际减排的需要，同时也有利于中国经济社会的可持续发展。因此，中国愿在《联合国气候变化公约》及《京都议定书》的框架下，按照"共同但有区别的原则"积极进行二氧化碳减排。本着对国民及国际社会负责任的态度，中国政府把二氧化碳减排纳入国家长期发展战略规划中，在"十二五"规划期间，我国已经超额实现到 2015 年单位 GDP 二氧化碳排放量（二氧化碳排放强度[①]）比 2010 年下降 17% 的约束性目标（实际下降了 20% 左右），正在努力实现到 2020 年单位 GDP 二氧化碳排放量要在 2005 年基础上降低 40%～45% 的庄严承诺，政府在"十三五"规划中进一步明确要求，在未来五年中单位二氧化碳排放要实现累积降低 18%。由图 1-1 可以看出，尽管从 20 世纪 90 年代到现在，中国的碳排放强度一直处于下降状态，但仍高于部分发达国家以及同期世界平均水平，同时也高于大多数发展中国家。2011 年，中国碳排放强度是美国同期的 4.7 倍、欧盟的 9.3 倍、日本的 7.4 倍、印度的 1.4 倍、全球平均水平的 3.2 倍。本章中所使用的二氧化碳及碳排放强度数据均来源于国际能源机构（International Energy Agency，IEA）官方网站[②]，其中，碳排放强度以 2005 年的不变美元价格计算。

---

① 若无特殊说明，本书中的二氧化碳排放强度均用碳排放强度替代。
② http：//www.iea.org/publications/freepublications/publication/name，43840，en.html.

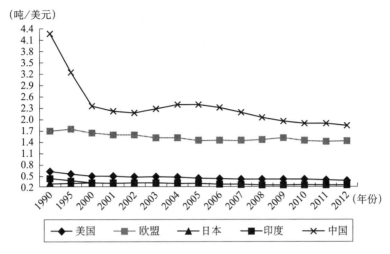

图 1 - 1　1995 ～ 2012 年中国与美、欧、日、印的碳排放强度

资料来源：IEA 官方网站。

1.1.2　国际产业转移加快，二氧化碳排放持续增加

全球气候变化使得发达国家不得不重新审视清洁能源的使用以及清洁发展机制的开展，如英国 1956 年率先颁布了世界第一部空气污染防治法《清洁空气法案》，并于 1968 年进一步补充，该法案要求逐步减少煤炭消费量，加大天然气使用量；美国 2009 年通过了《美国清洁能源安全法案》，期望通过该法案的实施来推动清洁能源代替化石能源，以减少温室气体排放。法案的制定为发达国家减少温室气体排放、实施更为严格的环境规制措施提供了法律依据。环境规制强度的提高增加了跨国公司的经营成本，推动了跨国公司的国际产业大转移。在这一过程中，中国凭借廉价劳动力、广阔的市场前景以及东南沿海优越的地理区位，迅速奠定了"世界工厂"的地位，成为国际产业转移的主要承接地。以跨国公司为主导的国际资本大举进入中国，使以国际产业转移为主要形式的外商直接投资（foreign direct investment，FDI）流入量不断攀升，2014 年，中国实际利用 FDI 达到 1 280 亿美元，较 2013 年上升 3%。毋庸置疑，自改革开放以来，FDI 在推动产业升级、扩大出口、提高就业等方面发挥了积极的作用，极大地促进了中国的经济发展，在未来，FDI 仍将成为拉动中国经济增长的重要动力。然而，在吸引大量 FDI、承接国际产业转移的同时，作为世界工厂的中国也承担着生产和加工过程中的二氧化碳排放成本，致使中国二氧化碳排放总量持续增长，并于 2006

年超越美国成为世界第一大二氧化碳排放国。韦伯等（Weber et al.，2005）、王涛和吉姆沃森（Wang and Watson，2008）研究认为，由 FDI 造成的、隐含在贸易中的"转移性二氧化碳排放"不可忽视。因此，作为 FDI 的主要流入国和国际贸易的重要参与者，由 FDI 所造成的"转移性二氧化碳排放"也是中国二氧化碳排放的主要来源之一。中国近年利用 FDI 与二氧化碳排放量及碳排放强度的变化趋势如图 1 - 2 和图 1 - 3 所示。由图 1 - 2 和图 1 - 3 可知，中国实际利用 FDI 与二氧化碳排放量的变化趋势具有高度的一致性，与碳排放强度的变化趋势则恰好相反。

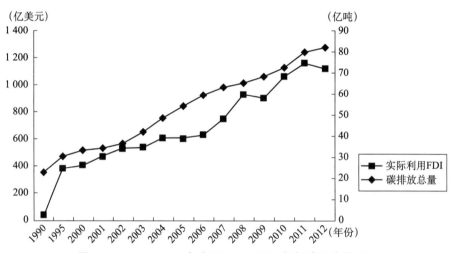

图 1 - 2　1990 ~ 2012 年中国 FDI 利用总额与碳排放量对比

资料来源：FDI 来自历年《中国统计年鉴》，碳排放量系作者计算整理。

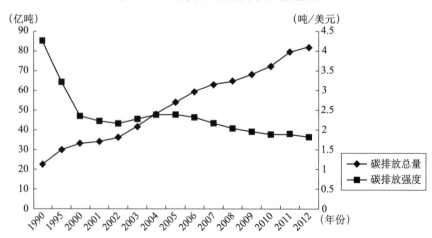

图 1 - 3　1990 ~ 2012 年中国碳排放量和碳排放强度对比

资料来源：作者计算整理。

1.1.3 FDI 对碳排放强度的影响尚存争议

在经济全球化的浪潮中，由于产业梯度转移，发达国家不断向发展中国家转移高消耗、高污染、高排放的"三高"产业，发展中国家在吸引 FDI 的同时，付出环境污染的代价，"污染避难所"假说由此而来。自沃尔特和安格鲁（Walter and Ugelow，1979）提出"污染避难所"假说以来，在全球二氧化碳排放急剧增加的背景下，许多专家学者利用多种研究方法，从不同视角围绕 FDI 与二氧化碳排放或碳排放强度之间是否存在"污染避难所"展开了诸多理论分析和实证考察，部分研究表明，FDI 的进入会加剧东道国二氧化碳排放，提高东道国碳排放强度，即支持"污染避难所"假说。但是，在许多学者对"污染避难所"假说持肯定态度的同时，也有一些学者同样利用跨国或某一地区的数据就 FDI 与碳排放强度之间的关系进行实证考察，结果表明，FDI 的进入并不会加剧东道国二氧化碳排放，也不会提高东道国碳排放强度，即支持"污染光环"假说。[①]

可见，学术界对于 FDI 究竟是促进还是抑制东道国二氧化碳排放、提高还是降低东道国碳排放强度的问题尚存争议。而现实情况却是，FDI 在不同的国家或地区对二氧化碳排放和碳排放强度的影响不同，"污染避难所"和"污染光环"同时存在于不同的国家和地区。在现有研究文献中，一个普遍的特征是假设 FDI 与碳排放强度之间是一种单调的线性关系，从而无法对"污染避难所"假说和"污染光环"假说并存的事实给予合理解释。

在此背景下，本书假设 FDI 与碳排放强度之间是一种非线性关系，且 FDI 与碳排放强度之间的关系可能还会受到其他因素影响。中国是一个经济发展水平、产业结构、资源禀赋等基础条件具有较大差异的国家，FDI 的进入可能会对不同地区碳排放强度产生不同的影响。基于此，本书在全国整体层面就 FDI 对碳排放强度之间关系分析的基础上，进一步从东部、中部、西部三大区域层面分析 FDI 对中国碳排放强度影响的区域差异，通过 FDI 对碳排放强度影响的门槛效应分析，对二者之间的非线性关系进行检验。

---

① "污染光环"假说认为，具有先进的技术水平和管理模式的跨国公司在对发展中国家投资时，通过技术和管理的溢出效应，促进发展中国家技术和管理水平的提升，最终有利于发展中国家二氧化碳排放的减少和碳排放强度的降低。

1.2 研究目的与研究意义

1.2.1 研究目的

目前，尽管学术界对 FDI 究竟是降低还是提高东道国碳排放强度进行了深入研究，但尚未得到一致结论。如部分学者认为，FDI 减少了东道国二氧化碳排放、降低了碳排放强度，而部分学者对此产生质疑。关于上述质疑，本书将其原因归纳为：（1）FDI 对碳排放强度影响的研究结论更多地依赖经验估计结果，而对于经验估计而言，样本数据不同、计量模型不同以及估计方法的不同是影响经验估计结果的重要因素，也是众多经验研究得出不同结论的主要原因。（2）现有研究中普遍存在一个前提假定，即 FDI 与碳排放强度的关系是线性单调的，因此，对 FDI 究竟是降低还是提高碳排放强度这一科学问题不能给出合理解释。（3）多数学者仅从全国整体层面考察 FDI 与东道国碳排放强度的关系，然而，对于一个幅员辽阔，东部、中部、西部三大区域发展不均衡的中国来说，仅从全国整体层面考察无法全面衡量 FDI 与碳排放强度之间的关系。

针对学术界就 FDI 与东道国碳排放强度关系的研究结论存在诸多争议，本书拟从中国区域非均衡这一现状出发，就 FDI 对中国碳排放强度的影响进行理论与实证相结合的研究，通过建立 FDI 与碳排放强度之间关系的面板数据门槛回归模型，对 FDI 与碳排放强度之间的非线性关系及其形成机制进行更为严谨的实证分析，以全面揭示 FDI 与碳排放强度之间的关系，挖掘 FDI 对碳排放强度影响存在区域差异的理论根源，进而为中国政府采取适宜对策和得力措施，切实发挥 FDI 的碳减排效应提供决策参考。

1.2.2 研究意义

对碳排放强度问题的研究，不仅有利于中国经济社会的可持续发展，还有利于全球的碳减排，对缓和全球气候变暖也具有重要贡献。碳排放强度作为低碳经济发展的核心问题，在外资大举进入的背景下，FDI 对中国碳排放强度存在何种影响？通过何种渠道产生影响？产生多大影响？对三大区域的影响是否存在差异？FDI 与碳排放强度之间是否存在非线性关系？是本书将要探讨的问题。深入系统地对上述问题进行分析，有助于我们根据不同区域间的实际情况，从更为全面的视角来研究 FDI 对中国碳排放强度的影响，进而为有关部门制定具有针对性的政策提供理论支持和现实指导。

1.2.2.1 理论意义

第一，本书对"污染避难所"和"污染光环"案例并存的事实提供更为合理的解释。学术界对 FDI 与碳排放强度之间关系持截然相反的观点，现有研究结论要么支持"污染避难所"假说成立，即 FDI 加剧了东道国二氧化碳排放，提高了东道国碳排放强度；要么支持"污染光环"假说成立，即 FDI 对东道国二氧化碳减排起到积极作用，降低了东道国碳排放强度，但是极少把"污染避难所"假说和"污染光环"假说这两种相悖的现象纳入同一框架中进行分析。因此，本书尝试将上述两种相悖的现象纳入同一理论框架中进行研究，以期能为后续相关研究提供框架上的参考。

第二，本书能为后续研究提供一种新的分析方法和视角，能对以往的研究成果起到些许丰富与修正的作用。学术界关于 FDI 与碳排放强度关系的研究大多采用了传统的线性回归模型分析方法。本书在传统线性模型分析基础上进一步将 FDI 与碳排放强度之间的非线性关系纳入分析，以考察 FDI 对碳排放强度影响的门槛效应，从更全面的视角对 FDI 与碳排放强度之间的关系进行较为严谨的实证分析，力求对这一领域的相关研究进行可能的补充。

第三，FDI 对碳排放强度影响的传导机制分析，能更为清晰直观地揭示二者之间的作用机理。现有文献主要围绕 FDI 对东道国技术进步的影响进行分析，而对 FDI 影响碳排放强度的传导机制分析尚为鲜见。本书在对 FDI 与碳排放强度之间的关系进行理论推导的基础上，结合中国实际情况，从 FDI 的规模效应、结构效应和技术效应这三种渠道深入分析 FDI 对碳排放强度影响的传导机制，从而更加清楚地揭示 FDI 对碳排放强度的作用机制，为实现中国低碳经济更好更快发展提供理论指导。

1.2.2.2 现实意义

（1）为中国低碳经济转型发展提供系统的政策依据。

伴随着温室效应带来的一系列环境问题以及全球环境保护的制度化发展，低碳经济转型发展已是大势所趋。在过去的几十年中，中国的经济增长速度让整个世界刮目相看，2013 年，中国的经济增长速度达到 7.7%，经济规模达到 9.18 万亿美元。与此同时，中国 FDI 的利用规模与二氧化碳排放量也同步上升，节能减排迫在眉睫。近年来，尽管中国在调整经济结构、节约能源、提高能效、淘汰落后产能、发展循环经济、优化能源结构等方面采取了一系列政策措施，并取得了显著成果。但从总体上说，围绕节能减排展开的政策实践相对零散，需要运用系统观念进一步加以整合。为此，深入研究 FDI 在全国整体层面对中国碳排放强度的影响，并在此基础上准确把握 FDI 对中国碳排放强度影响的传导渠道、区域差异及门槛效应，能为中国低碳经济转型发展提供更为系统、全面的政策依据。

（2）为相关地区和产业招商引资政策设计提供政策支撑。

利用联立方程模型对 FDI 与碳排放强度之间关系的研究，能够较为细致地梳理和分析 FDI 不同传导渠道的作用效果，从而为相关地区和产业招商引资政策设计提供政策支撑。目前，从 FDI 的区位选择来看，东部地区利用 FDI 规模占比在90% 以上，中部、西部地区利用 FDI 规模较小，且中部、西部地区吸引的 FDI 大部分投向了技术含量低、环境污染大的生产部门。因此，政府部门在制定地区招商政策时，应积极引导 FDI 投向中部、西部地区，依托 FDI 所带来的资金和技术，推动中部、西部地区的低碳经济发展。从 FDI 的产业投向上来看，在工业化和城镇化加速推进的过程中，化石能源的投入在很大程度上带动了第二产业的发展，但也造成中国二氧化碳排放总量居高不下。据估算，第二产业二氧化碳排放量占总排量的60%，相反，以服务业为主导的第三产业产值份额的扩大则可以有效推动中国低碳经济发展。因此，在投资产业的选择上，应因地制宜，积极引导 FDI 重点投向能源消耗低、二氧化碳排放少的第三产业以及第二产业中的清洁生产部门。

1.3　研究内容、框架与研究方法

1.3.1　研究内容及框架

伴随着国际产业的大规模转移，大量涌入的 FDI 对中国产业结构优化、技术进步、能源效率提高等方面带来了重要影响。但是，这并不意味着 FDI 的流入对中国没有产生负面效应。大量 FDI 流入高碳产业，会加剧中国的二氧化碳排放，使我国在一定程度上成为发达国家污染产业转移的避难所。在此背景下，本书以 FDI 对中国碳排放强度的影响为研究对象，首先，在相关文献与理论假说进行回顾和经验事实统计观察的基础上，对中国利用 FDI 及碳排放强度现状进行全面分析；其次，从全国整体层面实证考察了 FDI 对碳排放强度的影响以及影响的传导渠道；再次，从区域层面实证分析了 FDI 对碳排放强度的差异影响，并通过构建面板数据门槛回归模型，就 FDI 对碳排放强度影响的门槛效应进行分析；最后，根据本书研究结论并结合我国实际情况，针对如何有效利用 FDI 降低中国碳排放强度提出具体的政策建议。本书共分为 7 章，具体内容如下：

第 1 章，导论。主要阐述本书写作背景、意义、研究框架、研究内容和方法及本书可能的创新点。

第 2 章，文献综述与相关理论分析。FDI 与碳排放强度之间的关系，本质上是 FDI 与环境之间关系的一种。本章首先对 FDI 与碳排放强度关系的现有文献进行总结归纳，并指出现有文献存在的不足之处及写作本书的必要性；其次，对 FDI 与环境之间关系的相关理论进行梳理回顾，并根据相关理论假说从正反两个方面对 FDI 与中国碳排放强度之间的关系进行初步分析；最后，就 FDI 对碳排放强度影响的传导机制进行理论分析。

第 3 章，中国利用 FDI 和碳排放强度的现状分析。首先，从中国实际利用 FDI 的总量特征、来源、区域分布、产业分布等角度全面分析改革开放以来中国利用 FDI 的历史演进及现状；其次，对中国二氧化碳排放和碳排放强度的演进现状进行分析，并对 FDI 与中国二氧化碳排放和碳排放强度的发展趋势进行对比。

第 4 章，FDI 对中国碳排放强度影响的整体分析。从全国整体层面，就 FDI 对中国碳排放强度的影响进行实证考察。首先，运用计量经济学模型，以 1997～2012 年中国省际面板数据为样本，在全国整体层面就 FDI 对中国碳排放强度的影响进行实证考察；其次，利用面板数据联立方程组模型就 FDI 对中国碳排放强度影响的传导渠道进行实证分析，并根据实证结果对 FDI 影响中国碳排放强度的总效应进行渠道分解。

第 5 章，FDI 对中国碳排放强度影响的区域差异分析。从区域层面，就 FDI 对中国碳排放强度的影响进行分析。本章首先利用 Dagum 基尼系数方法对中国利用 FDI 及碳排放强度的地区差异进行分析，并对地区差异的来源进行分解；其次，仍以 1997～2012 年中国省际面板数据为考察样本，采用动态面板数据模型实证分析了 FDI 对中国碳排放强度影响的区域差异。

第 6 章，FDI 对中国碳排放强度影响的门槛效应分析。本章首先利用汉森（Hansen，1999）提出的面板门槛回归模型，构建 FDI 对中国碳排放强度影响的门槛回归模型；其次选取 FDI、人均收入水平、环境规制强度、能源消费结构、能源消费强度、产业结构、城镇化水平、技术创新水平、人力资本、金融发展水平作为门槛变量，并利用面板数据对其进行门槛效应检验；最后根据门槛效应检验结果对 FDI 与中国碳排放强度之间的非线性关系形成原因进行分析，并就 FDI 对中国碳排放强度影响的区域差异作进一步的解释。

第 7 章，研究结论及政策建议。在理论分析和实证考察的基础上，对本书进行总结，并提炼出主要结论，据此提出在扩大 FDI 利用规模的基础上，如何积极发挥 FDI 的碳减排效应的对策建议以降低中国的碳排放强度，并对后续研究进行展望。

本书的整体研究思路及框架如图 1-4 所示。

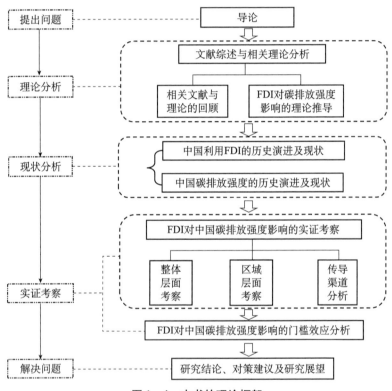

图 1-4 本书的理论框架

1.3.2 研究方法

（1）文献分析法。

在确定研究主题之后，围绕该主题对相关文献的收集和整理是进行研究的必要前提和基础，并为进一步研究提供理论依据与方法借鉴。首先，本书搜集和整理了 FDI 与碳排放强度之间关系的相关文献，根据研究内容、研究对象、研究视角的不同分别对现有文献进行梳理，以便能更好地把握本书的研究现状及存在的不足之处，从而为本书研究奠定坚实的基础。

（2）实证分析和规范分析相结合。

实证分析和规范分析是当今学术研究中不可或缺的研究方法。实证分析是在一定的假设并考虑相关经济变量之间因果关系的前提下，客观地描述、解释经济现象"是什么"和"为什么"的问题，规范分析是研究经济运行"应该是什么"的研究方法。本书首先根据相关理论分析构建 FDI 与中国碳排放强度之间关系的模型，运用面板数据回归模型客观地考察 FDI 对中国碳排放强度的影响，并在实证分析的基础上，运用规范的分析方法提出如何更加合理地吸引和利用 FDI 降低我国碳排放强度的政策建议。

（3）定性分析与定量分析相结合。

定性分析和定量分析都是实证分析工具之一，定性分析是说明经济现象的性质及其内在规律，而定量分析则是分析经济现象之间的关系，是对定性分析结果的进一步量化。本书首先对 FDI 与中国碳排放强度之间的关系进行定性的理论分析，接着根据理论模型构建定量的计量模型，通过面板数据对 FDI 与中国碳排放强度的关系进行实证考察。

1.4 研究存在的创新点

在 FDI 对中国碳排放强度影响的实证研究中，本书的创新主要体现在以下三个方面：

（1）研究方法的多样性。

对 FDI 与碳排放强度之间关系的研究，一直处于"污染避难所"假说和"污染光环"假说两种相对对立的立场。相悖的研究结论反映出二者之间关系的复杂性，而过往的研究多在二者之间的线性假定下展开研究，忽略了二者之间可能存在的非线性关系，从研究的全面性来讲是一种损失。本书根据 FDI 对碳排放强度影响的理论分析内容，分别采用不同的方法进行研究。首先采用动态面板数据模型对 FDI 与碳排放强度之间的线性关系进行初步分析，接着采用面板数据联立方程组模型就 FDI 对碳排放强度影响的传导渠道进行分析，最后采用面板数据门槛模型对二者之间的非线性关系进行考察，力图通过多种方法，以更加科学的方式揭示 FDI 与碳排放强度之间的关系。采用多种方法相结合的研究可以对现有的研究方法进行有力补充。

（2）研究视角的综合性。

在 FDI 与碳排放强度之间关系的实证研究中，多以全局性的视角利用代表性指标对二者之间的关系进行研究，得出的结论往往也是全局性的，而中国是一个区域发展极不均衡的大国，东部、中部、西部三大区域间在经济基础、产业结构和能源消费等方面存在显著差异，这些差异可能会对二者之间的关系产生影响，所以就 FDI 与碳排放强度之间的关系研究不能仅从全局视角，还应从区域视角进行分析，在考虑区域非均衡的前提下，对 FDI 与碳排放强度之间关系的分析得出的结论可能更具有实际意义。本书除在全国整体层面就 FDI 与碳排放强度之间的关系进行考察外，还从区域层面就 FDI 对碳排放强度影响的区域差异展开研究，以全局性和差异性的分析视角对二者之间的关系进行研究，弥补了以往过于单一的研究视角。

（3）对 FDI 影响碳排放强度的传导渠道进行了详细分解。

在 FDI 与碳排放强度之间关系的研究中，针对 FDI 对碳排放强度影响的传导渠道进行分析的文献较少，而只有真正了解 FDI 通过何种渠道对碳排放强度产生影响，才能采取有针对性的措施，为发挥 FDI 的碳减排效应创造条件。因此，本书在构建 FDI 对碳排放强度影响的理论分析框架的基础上，把 FDI 对碳排放强度的影响分为规模效应、结构效应和技术效应三种渠道，据此建立 FDI 对碳排放强度影响的联立方程组（FDI 的规模效应、FDI 的结构效应、FDI 的技术效应和FDI 的区位选择），并采用三阶段最小二乘法（3SLS 法）对方程组进行估计，客观地分析了 FDI 的变动通过不同渠道对中国碳排放强度影响的大小及方向，对制定以降低碳排放强度为核心的外资政策、产业政策和节能减排措施具有重要的现实意义。

第 2 章

文献综述与相关理论分析

随着世界经济的一体化和要素流动的全球化，以跨国公司为主导的对外投资取得了快速发展，成为国际资本流动的主要形式和世界经济的重要组成部分。同时，FDI 对东道国环境产生的不良影响开始逐渐显现，学术界把此现象称为"污染避难所"效应。自 20 世纪 80 年代以来，随着改革开放政策的逐步实施和不断深化，中国经济发展取得了令人瞩目的成绩，越来越多的国家和地区开始对中国进行投资，外资经济的兴起成为中国对外开放的一个重要特征。FDI 在推动中国经济增长的同时也带来了日益严峻的水污染、温室气体排放剧增等一系列生态环境问题，这些问题的出现又对中国经济社会的发展带来了许多负面影响。因此，人们开始反思 FDI 与生态环境之间的关系，学术界围绕如何做到 FDI 利用与环境保护有机协调这一重大课题展开了诸多理论探索和实证研究，涌现出了许多富有价值的研究成果。

2.1 文献综述

2.1.1 二氧化碳排放及碳排放强度影响因素研究

2.1.1.1 二氧化碳排放影响因素研究

人为温室气体排放是造成气候变化的主要原因之一，而在温室效应中二氧化碳排放的贡献约为 60%[①]（IPCC，1995）。二氧化碳作为温室效应中的主要气体，

[①] 数据来源于 IPCC（1995）第二次评估报告，P. 8，http：//www. ipcc. ch/home_ languages_ main_ chinese. shtml.

许多专家学者从不同角度或使用不同的研究方法对二氧化碳排放的各种影响因素进行了分析，试图通过调节相关因素以减少二氧化碳排放量，缓解温室效应造成的危害。目前，有关二氧化碳排放影响因素的研究方法主要有基于投入产出（input-output）模型的结构分解分析法（structural decomposition analysis，SDA）、指数分解分析法（index decomposition analysis，IDA）和 IPAT、STIRPAT 模型等方法。

以国外为研究对象，采用结构分解法的主要有：卡斯勒和罗斯（Casler and Rose，1998）采用结构分解法对影响美国 1972～1982 年的二氧化碳排放相关因素进行分解，结果表明，美国 1972～1982 年由于经济增长而增加的二氧化碳排放量，完全抵消了最终需求结构变化、中间燃料替代以及技术进步所降低的二氧化碳排放量。李梅等（Lim et al.，2009）利用投入产出结构分解分析法把引起韩国 1990～2003 年工业领域二氧化碳排放量变化因素分为八种，其中，二氧化碳排放系数的变化、经济增长和结构性变化在样本考察期内是导致韩国工业领域二氧化碳排放增加的主要因素。巴约基等（Baiocchi et al.，2010）利用结构分解分析法对影响英国 1992～2004 年消费领域二氧化碳排放量变化的驱动因素进行分析，结果表明，国内生产效率的改进和生产结构的变化是导致该段时期消费类领域二氧化碳排放减少的主要因素。此外，雅比（Yabe，2004）、杰里拉等（Gerilla et al.，2005）、长谷川（Hasegawa，2006）、李和仲（Rhee and Chung，2006）、大岛和塔姆拉（Okushima and Tamura，2007，2010）、查冬兰等（Dong et al.，2010）、布特纳和鲁普（Butnar and Llop，2011）、布里兹加等（Brizga et al.，2014）等许多学者也采用相同的分析方法对二氧化碳排放的影响因素进行了研究。

与基于投入产出表的结构因素分解法相比，指数因素分解法因其在操作上的简单性和灵活性而得到更为广泛的应用（Ang，2004）。采用指数分解分析法（IDA）以国外二氧化碳排放影响因素为研究对象进行相关研究的主要有：利亚斯卡斯等（Liaskas et al.，2000）运用代数分解方法把影响欧盟等国家工业部门二氧化碳排放的相关因素分解为产出效应、结构效应、能源强度效应和能源结构效应，结果发现，工业产出的增加会减少二氧化碳排放，产业结构变化对二氧化碳排放的影响存在两方面的可能，能源强度的降低和清洁能源在能源消耗总量中比例的增加会显著降低二氧化碳排放量。保罗和巴塔查里亚（Paul and Bhatta-charya，2004）采用完全分解技术对影响印度主要经济部门 1980～1996 年二氧化碳排放的相关因素分解为污染物排放系数（二氧化碳排放量与能源消费量之比）、能源强度、产业结构和总产出（GDP）四个方面，结果表明，农业部门在国民生产总值中比重的降低是农业碳排放减少的主要原因，工业部门二氧化碳排放减少的主要因素是工业部门能源强度的下降；交通运输部门二氧化碳排放的减少主要是该部门污染物系数和能源强度的下降所致。哈茨基奥吉等（Hatzigeorgiou et al.，2008）采用算术平均指数（arithmetic mean divisia index，AMDI）对希腊 1990~2002 年二氧化碳排放的影响因素进行分析，结果显示，在样本考察期内收入效应对希腊二氧化碳排放的增加具有显著影响，而能源强度的降低则是希腊二氧化碳排放减少的主要原因。通萨等（Tunç et al.，2009）采用对数平均 Divisia 指数法（logarithmic mean divisia index，LMDI）对土耳其农业、工业和服务业三个行业 1970~2006 年的二氧化碳排放影响因素进行分解，结果表明，产业结构变化对土耳其二氧化碳排放的影响并不显著，但能源强度的降低对二氧化碳减排具有显著的推动作用。玛拉（Malla，2009）采用对数平均 Divisia 指数对影响中国、日本、美国、印度、澳大利亚、韩国和加拿大七国电力部门 1990~2005 年二氧化碳排放的相关因素进行分解，结果显示，发电量的增加是电力部门二氧化碳排放增加的主要因素，而能源强度的降低则是电力部门二氧化碳排放减少的主要因素之一。此后，巴塔查里亚和乌萨纳拉萨米（Bhattacharyya and Ussanarassamee，2004）、莉萨（Lise，2006）、卡瓦斯等（Kawase et al.，2006）、阿博斯塔克等（Akbostancl et al.，2011）等众多学者也采用了指数分解分析法对影响二氧化碳排放的相关因素进行了研究。

采用 IPAT 和 STIRPAT 模型以国外二氧化碳排放影响因素为研究对象进行相关研究的主要有：克尔和梅隆（Kerr and Mellon，2012）采用 IPAT 模型[①]对影响加拿大 1990~2007 年二氧化碳排放的相关因素进行分析，结果显示，人口增长以及人均财富增多对二氧化碳排放具有显著的促进作用，同时，克尔和梅隆把技术水平分为能源消耗结构、碳排放强度、能源利用效率和能源强度四个方面，并认为能源消费结构的改善、碳排放强度和能源强度的降低、能源利用效率的提高是减少加拿大二氧化碳排放的主要因素。布里兹加等（Brizga et al.，2013）采用 IPAT 模型把影响因素分解为人口因素、人均财富水平（人均 GDP）、产业结构（工业占 GDP 比重）、能源强度、能源消费结构和碳强度六个因素，对前苏联国

[①] IPAT 模型是美国生态经济学家欧利希和康默纳（Ehrlich and Comnoner）在 20 世纪 70 年代提出用于评估人口因素、人均财富量和技术水平三者相互影响对环境产生的压力，其中，I 为环境影响，P 为人口因素、A 为人均财富量，T 为技术水平。

家 1990～2010 年二氧化碳排放影响因素分析表明，人均财富增加和能源强度变化是影响这些国家二氧化碳排放最主要的驱动因素，碳强度和人口数量的变化对这些国家二氧化碳排放的影响不显著。为弥补 IPAT 模型的不足，迪茨和罗莎（Dietz and Rosa，1997）提出了 STIRPAT 模型①，自此越来越多的学者开始采用 STIRPAT 模型及其扩展模型对影响二氧化碳排放的相关因素进行分析。马丁内斯等（Martínez-Zarzoso et al.，2007）使用 STIRPAT 模型对影响欧盟国家二氧化碳排放的相关因素进行分析，结果显示，人口增长是欧盟国家二氧化碳排放增长的关键因素。林德尔和鲁恩（Linddle and Lung，2010）采用 STIRPAT 模型对西班牙等 17 个发达国家二氧化碳排放的影响因素进行分析，结果表明，人均财富的增长和人口总数的增多对二氧化碳排放具有显著的促进作用，其中，35 岁以下的人口总数与二氧化碳排放之间存在正相关关系，35～64 岁人口总数与二氧化碳排放之间存在负相关关系，而技术水平的提高则会显著降低二氧化碳排放。采用此类方法的学者还有科尔和纽梅耶（Cole and Neumaye，2004）、范英等（Fan et al.，2006）、约克（York，2007）等。

采用结构分解分析法（SDA）对中国二氧化碳排放影响因素的相关研究主要有：张明等（Ming Zhang et al.，2009）把中国 1991～2006 年分为三个相等的区间，通过完全分解方法把影响因素分解为碳排放强度、能源强度、结构变化和经济增长四个部分，结果表明，经济增长是引起中国二氧化碳排放增加的最主要因素，而中国二氧化碳排放的相对减少主要来自能源强度的改进，产业结构和碳排放强度则对中国二氧化碳排放的影响较小。郭朝先（2010）在经济—能源—碳排放投入产出模型的基础上，利用双层嵌套结构分解分析方法，从经济增长、分产业和分工业行业三个角度对引起中国 1992～2007 年二氧化碳排放增长因素进行分解，分析显示，能源强度始终是中国碳减排的主要驱动因素，而最终投入产出的系数变动效应和需求的规模扩张效应则是中国二氧化碳排放增加的两个主要因素。朱勤等（2012）采用结构分解分析法对中国 1980～2007 年居民消费品载能碳排放的变动因素进行分析，结果显示，样本期内消费水平和人口规模对中国居民消费品载能碳排放具有显著的正向影响，而部门碳强度则为负影响，中间需求变化和消费结构对中国居民消费品载能碳排放从最初的负向影响，逐步转为正向影响。张旺等（2013）采用三层嵌套结构式的 I-OSDA 方法，通过对北京市

---

① STIRPAT 模型是迪茨和罗莎（Dietz and Rosa，1994）为克服 IPAT 的单位弹性缺陷而提出的随机 IPAT 模型。

1997~2007 年能源消费碳排放增量的结构分解发现，消费、投资和出口等经济规模增长要素是导致碳排放增加的主要因素，而能源强度的变动效应则是影响碳减排的主要因素。李新运等（2014）利用基于投入产出技术的结构分解分析（SDA）模型，对中国工业行业碳排放影响因素进行分析，结果表明，总产出的变动是直接碳排放增加的主要因素，能源利用效率的提高则可以减少碳排放，而碳排放强度与间接碳排放之间则存在显著的负相关关系。此外，徐明等（Xu M. et al.，2011）、宋佩珊等（2012）、黄敏（2012）、田鑫等（Tian X. et al.，2013）、唐德才等（2014）、庄宗明和卫瑞（2014）等也采取结构分解分析对影响中国二氧化碳排放的相关因素进行了研究。

采用指数分解分析法对影响中国二氧化碳排放的相关因素进行研究的有：王峰等（2010）运用对数平均 Divisia 指数分解法（LMDI），把影响中国 1995~2007 年二氧化碳排放的因素分为 11 种，其中，人均 GDP、交通工具数量、人口总量、经济结构、家庭平均收入水平对中国二氧化碳排放具有显著的促进作用，生产部门的能源强度、交通工具平均运输路线长度、居民生活的能源消耗强度则对中国二氧化碳排放具有明显抑制作用。赵敏等（Zhao M. et al.，2010）运用 LMDI 模型对上海 1996~2007 年二氧化碳排放影响因素进行识别和定量分析，结果发现，能源强度下降、能源结构改善和产业结构调整对上海市的二氧化碳减排起主要作用。杨红娟等（2014）基于 LMDI 模型，把影响云南省2003~2011 年生产活动碳排放的因素分为碳排放系数、经济发展、能源强度、能源消费结构、产业结构和人口，结果显示，经济发展、人口因素和产业结构是造成云南省碳排放增加的主要因素，而能源强度、碳排放系数和能源消费结构则对云南省碳排放具有抑制作用。

采用 STIRPAT 模型以中国二氧化碳排放影响因素为研究对象进行相关研究的主要有：邵帅等（2010）利用改进的 STIRPAT 模型和广义矩估计方法，分别对影响中国碳排放规模和碳排放强度的相关因素进行了实证考察，结果显示，煤炭消费比重的增加显著扩大了中国的碳排放规模、提高了碳排放强度，而研发强度和能源效率提高对碳排放规模和碳排放强度均起抑制作用，投资强度的提高在增加碳排放的同时却降低了碳排放强度。吴振信和石佳（2012）利用 STIRPAT 模型分析发现，人口总数、人均 GDP、煤炭消费比例和机动车保有量的增加和城市化率的提高对北京市 1990~2010 年的碳排放具有促进作用，而能源消耗强度的降低与第三产业比重的提升则可以有效降低北京市碳排放量。马晓钰等（2013）利用 STIRPAT 模型对影响中国 1999~2010 年二氧化碳排放的相关因素分析表明，收入水平、人口规模、年龄结构和城市化水平是推动我国二氧化碳排放的主要因素，家庭规模的小型化和技术水平的提高可以有效抑制中国的二氧化碳排放。郑凌霄和周敏（2014）结合 STIRPAT 方程，利用中国 1997～2010 年省际面板数据建立变参数模型，通过对中国碳减排进行动态分析发现，经济发展对中国碳排放的影响具有显著的促进作用，技术进步可以在一定程度上抑制碳排放量的增加。其他相关研究学者采用 STIRPAT 模型对中国碳排放的影响因素进行研究的还有：杨骞和刘华军（2012）、刘华军（2012）、何小钢和张耀辉（2012）、胡巴克（Hubacek，2012）、岳婷等（Yue T. et al.，2013）、童玉芬和韩茜（2013）、任海军和刘高理（2014）等。

2.1.1.2 碳排放强度影响因素研究

二氧化碳排放可以分为三个阶段：第一阶段是碳排放积累期，在这个时期内碳排放总量和碳排放强度都处于上升阶段；第二阶段是碳相对减排期，在这一时期碳排放总量继续增大，碳排放强度上升到最大值，并逐渐下降；第三阶段是碳绝对减排阶段，在这一阶段无论是碳排放总量还是碳排放强度都处于下降阶段。因此，要想实现二氧化碳的绝对减排，应先实现二氧化碳排放的相对减排，即降低碳排放强度。乔佐和佩泽（Jotzo and Pezzey，2007）通过对 18 个地区的最优强度指标模拟发现，强度目标可以有效降低成本的不确定性，并可以显著地促进全球温室气体减排。因此，越来越多的国家开始以碳排放强度作为实现碳减排的最佳目标，同时，学术界也开始对影响碳排放强度的相关因素展开研究。

许多专家学者分别从不同角度、应用各种方法对国外碳排放强度影响因素进行了广泛的研究。斯瑞斯塔和蒂米西纳（Shrestha and Timilsina，1996）采用 Divisia 指数分解分析法，对亚洲 12 国 1980～1990 年电力行业的碳排放强度进行分析，结果显示，燃料能源强度是影响这些国家碳排放强度变化的主要因素。格林宁等（Greening et al.，1998）利用指数分解分析法（adaptive weighted divisia index，AWDI）对 10 个经济合作与发展组织（OECD）的国家制造业部门 1971～1991 年碳排放强度影响因素进行分析，结果显示，制造业能源强度下降是该部门碳排放强度降低的主要推力，同时，调整产业结构（减少能源密集型行业在经济发展中的比重）、降低化石能源的使用比例也是降低这些国家碳排放强度的两个重要因素。阿尔维斯和穆迪尼奥（Alves and Moutinho，2013）使用完全分解指数分析法，利用葡萄牙 36 个经济部门 1996～2009 年的数据分析了葡萄牙碳排放强度的相关影响因素，研究发现，在样本考察期内，葡萄牙的碳排放强度明显下降，技术进步（包括能源强度降低、燃料利用技术等）是其下降的主要原因，化石能源消耗比重对碳排放强度具有显著的正向影响。伯亨和伊克梅（Ebohon and Ikeme，2006）利用改进型的 Laspeyres 指数分解分析法对撒哈拉以南的产油国和非产油国的碳排放强度进行分析，结果显示，能源消耗强度、二氧化碳排放系数和经济结构对这些国家的碳排放强度具有显著的影响，其中，能源强度对非产油国的碳排放强度影响最大，而经济结构对产油国的碳排放强度影响最大。

目前，针对影响中国碳排放强度的相关因素的研究也取得了丰富的成果。籍艳丽和郜元兴（2011）基于投入产出模型的结构因素分解法，对中国 1997 ~ 2007 年的碳排放强度进行因素分析，结果显示，生产模式的转变是碳排放强度下降的主要原因，而需求模式的转变对中国碳排放强度的影响不大。陈英姿（2012）利用 LDMI 指数分解分析法将影响碳排放强度的相关因素分解为技术、能源消费结构、能源强度和产业结构四个因素，分析结果显示，产业结构效应是导致东北地区碳排放强度上升的主要因素，能源强度效应、能源消费结构效应和技术效应是促使东北地区碳排放强度下降的主要因素。梁洁等（2013）利用 Laspeyres 因素分解法分解出影响江苏省碳排放强度的效率份额和结构份额，结果显示，效率份额（技术进步）和城市化水平对碳排放强度的下降起主要作用，而结构份额（产业结构）对碳排放强度下降的影响不明显。孙欣和张可蒙（2014）利用状态空间模型，结合规模效应、技术效应和结构效应对影响中国碳排放强度的因素进行分析，结果表明，能源强度、城镇化率与第二产业比重对碳排放强度存在显著的正效应，而外贸依存度和人均 GDP 对碳排放强度有小幅的降低作用。赵雪婷等（Zhao X. et al.，2014）利用中国 1991 ~ 2010 年 30 个省份的数据，通过空间面板模型分析显示，人均 GDP 和人口密度与中国碳排放强度之间存在显著的负相关关系，而能源消费结构和交通运输业的发展与中国碳排放强度之间存在显著的正相关关系，能源价格对中国碳排放强度没有显著影响。此外，针对影响中国碳排放强度的相关因素进行研究还有：周五七和聂鸣（2012）、刘广为等（2012a，2012b）、郑欢等（2014）、郑新业等（Zheng X. et al.，2014）、龙如银等（Long et al.，2014）。

总的来看，许多专家学者对影响二氧化碳和碳排放强度相关因素的研究产生了浓厚的兴趣，分别从不同角度，应用各种理论与实证方法对其进行了广泛全面的研究，这些研究的大量出现使人们对影响二氧化碳排放及碳排放强度的相关因素有了更深刻的认识，同时，也为我国制定合理有效的低碳政策提供了有益的借鉴，但就现有研究而言，也存在着一定的不足之处。首先，大部分学者采用分解方法对影响二氧化碳排放和碳排放强度的相关因素进行分解，而分解方法的实质就是将二氧化碳或碳排放强度的计算公式从数学上表示为几个因素指标的乘积，并根据权重的不同进行分解，进而以此确定各个因素的贡献份额，但现实中存在因数据来源不足而造成某些因素不能完全分解的问题和FDI、环境规制等因素难以纳入分解框架的问题。其次，部分文献采用IPAT和STIRPAT模型对影响二氧化碳排放和碳排放强度的相关因素进行分析，但把分析的重点主要集中在技术进步和经济增长上，没能从更全面的视角进行分析，从而导致得出的结论不具有全面性。

2.1.2 FDI 的碳排放效应

2.1.2.1 FDI 对二氧化碳排放的影响

环境库兹涅茨曲线（environmental kuznets curve，EKC）的出现为研究 FDI 与二氧化碳排放之间的关系提供一个桥梁，正如环境库兹涅茨曲线一样，不同的国家和地区存在不同形状的环境库兹涅茨曲线，如"U"型、倒"U"型或"N"型等。由于所采用的方法和研究对象的不同，FDI 与二氧化碳排放之间的关系也存在着不同的观点。

国外学者对 FDI 与东道国二氧化碳排放之间关系的研究主要分三种情况：第一是对"污染避难所"假说进行检验，认为 FDI 的进入导致了污染产业转移，加剧了东道国的二氧化碳排放。格赖姆斯和肯托（Grimes and Kentor，2003）利用截面数据对1980~1996 年66 个欠发达国家的 FDI 与二氧化碳排放之间关系进行实证研究发现，FDI 对二氧化碳排放的影响显著为正，而同时期的国内投资对二氧化碳排放的影响则不显著。乔根森（Jorgenson，2007）利用 35 个欠发达国家1980~1999 年的二氧化碳排放数据，面板数据模型回归结果发现，FDI 是这些国家农业部门二氧化碳排放增加的主要因素，环境规制则对这些国家的二氧化碳排放具有显著的抑制作用。阿卡利亚（Acharyya，2009）利用印度 1980~2003 年的数据研究发现，FDI 的流入显著增加了印度的二氧化碳排放。李建江和李俊德（Lee and Lee，2009）利用马来西亚1970~2000 年的季度数据，通过格兰杰协整检验发现，FDI 是二氧化碳排放的格兰杰因果关系。穆塔弗格鲁（Mutafoglu，2012）和布朗科等（Blancoa et al.，2013）在随后的研究中发现，在土耳其和一些拉美国家也存在着这样的因果关系。第二是对"污染光环"假说进行检验，认为 FDI 通过先进的技术和高效的管理等渠道，提升了东道国的技术水平和管理水平，最终减少了东道国的二氧化碳排放。约翰·李斯特和凯瑟琳（List J. A. and Co C. Y. , 2000）研究发现，外国直接投资的进入促进了东道国能源效率的改善，进而可以减少东道国的二氧化碳排放。特姆瑞恩等（Tamazian et al. , 2009）利用面板数据分析经济和金融发展对"金砖四国"环境的影响，研究发现，FDI 的流入能够促进东道国的技术进步、提高其能源利用效率，从而减少东道国的碳排放。第三是部分学者认为，FDI 与东道国二氧化碳排放之间并无显著关系。李荣万（Lee J. W. , 2013）利用协整技术检验了 FDI 与清洁能源使用、碳排放和经济增长之间的关系，研究发现，FDI 能显著地促进东道国经济的增长，然而其对东道国碳排放的影响却并不显著。帕金斯和诺伊迈尔（Perkins and Neu-mayer, 2008, 2009）研究了发展中国家跨国贸易与其环境效率的外溢，结果发现，FDI 并没有对东道国二氧化碳排放产生显著的影响。

国内学者针对 FDI 对中国二氧化碳排放的影响主要存在两种观点：第一种观点认为，FDI 的流入增加了中国的二氧化碳排放。代迪尔和李子豪（2011）建立了多维度的 FDI 工业行业碳排放模型，从 FDI 的结构效应、规模效应、管制效应和技术效应四个方面分析了 FDI 对中国工业行业碳排放的影响，结果发现，FDI 的总效应是负的，即 FDI 显著增加了中国工业行业的碳排放。郭沛和张曙霄（2012）利用 1994～2009 年相关数据，通过计量模型实证分析了 FDI 对中国碳排放的影响，结果发现，FDI 增加中国的碳排放总量。牛海霞和胡佳雨（2011）利用中国 28 个省市的面板数据，实证分析发现，FDI 虽然可以通过结构效应和技术效应减少二氧化碳排放，但 FDI 的规模效应所带来的碳排放要远大于通过结构效应和技术效应减少的碳排放。熊立等（2012）利用 1985～2007 年的时间序列数据分析发现，FDI 的流入显著增加了中国的二氧化碳排放量。王道臻和任荣明（2011）通过格兰杰因果检验发现，FDI 会通过扩大经济规模而引起中国二氧化碳排放量上升。林基和杨来科（2014）利用 1999～2011 年中国省际面板数据研究发现，FDI 的进入会在一定程度上增加中国的二氧化碳排放。第二种观点认为，FDI 的进入有利于中国的二氧化碳减排。谢文武等（2011）利用 2003～2009 年中国地区层面和 2004～2009 年行业层面的面板数据，分析了开放经济对我国碳排放的影响，研究发现，无论在地区层面还是在行业层面，FDI 的增长都有效减少中国的碳排放量。闫庆悦和刘华军（2011）分别利用 1995～2007 年省际面板数据和 1952～2007 年时间序列数据，对中国二氧化碳排放的环境库兹涅茨曲线进行估计发现，FDI 对中国二氧化碳排放具有不显著的负效应。肖明月和方言龙（2013）利用 1995～2009 年的数据，通过 STIRPAT 模型研究发现，FDI 与中国东部地区的人均碳排放之间存在负相关关系，但对东部地区的环渤海地区、长三角地区和珠三角地区的碳排放影响效果不同。杨树旺等（2012）利用1986～2010年的时间序列数据分析了三类不同来源的FDI对中国碳排放的影响，结果表明，来自东盟地区的FDI对我国的碳排放具有负面影响。周晓燕等（Zhou X. et al.，2013）基于1995～2009年的面板数据实证分析了影响中国二氧化碳排放的相关因素，结果发现，城市化进程的加快显著增加了中国的二氧化碳排放，而FDI则可以有效减少中国的二氧化碳排放。郭炳南等（2013）研究发现，无论是时间序列数据模型还是面板数据模型均表明，FDI对中国二氧化碳排放具有显著的负效应。

2.1.2.2　FDI对碳排放强度的影响

目前，关于FDI与碳排放强度之间的研究成果较少，国外已有研究如托德·温（Todd Wynn，2010）利用165个国家10年（1995～2004年）的面板数据研究发现，表征经济自由化的FDI与东道国碳排放强度之间呈负相关关系。温克尔曼和摩尔（Winkelman and Moore，2011）通过分析清洁发展机制项目（clean development mechanism，CDM）在包括中国在内的114个国家的分布发现，FDI作为CDM一期项目的实施有效地降低了项目所在国的碳排放强度。安德鲁和迪克（Andrew and Dick，2010）利用36个欠发达国家1980～2000年的数据研究发现，FDI会提高欠发达国家工业部门的碳排放强度，但却增加了工业部门的碳排放量。

针对FDI对中国碳排放强度的影响研究有：姚奕等（2011a、2011b、2012、2013）研究发现，FDI通过技术溢出效应可以有效降低中国的碳排放强度。陈继勇等（2011）利用中国30个省（市、区）2001～2008年的面板数据研究发现，FDI能有效降低东部与中部地区的碳排放强度，但是却提高了西部地区的碳排放强度。谭蓉娟（2012）利用珠江三角洲9个城市2004～2009年数据对FDI与珠三角装备制造业碳排放强度的相互关系进行了研究，认为投资于该产业的FDI和来自港澳台的外资均能有效降低珠三角装备制造业的碳排放强度。赵皋（2014）利用1995～2010年面板数据，通过面板单位根和面板协整方法对影响中国碳生产率（碳排放强度的倒数）相关因素分析发现，FDI能提高中国碳生产率，降低中国的碳排放强度。孙耀华和仲伟周（2014）利用1998～2012年空间面板数据模型研究发现，FDI对中国碳排放强度的作用并不明确。

综上所述，尽管现有研究取得了丰硕的成果，但FDI与二氧化碳及碳排放强度之间的关系究竟怎样？目前学术界对此尚未达成共识。部分学者认为，FDI 的进入减缓了二氧化碳排放，降低了碳排放强度，也有一些学者对此提出了质疑，认为 FDI 的进入提高了碳排放强度，加剧了二氧化碳排放。得出不同结论的主要原因就是现有研究大都是在线性的假设下对 FDI 与二氧化碳和碳排放强度之间的关系进行分析，而忽略了二者之间的非线性关系。

2.2　相关理论分析

2.2.1　FDI 与环境污染相关理论回顾

2.2.1.1　"环境库兹涅茨曲线"假说及检验

关于 FDI 与环境污染之间的研究，许多学者是从研究经济增长与环境污染排放之间的简单关系出发，以验证经济增长与环境污染之间是否存在倒"U"型曲线抑或其他类型曲线。格罗斯曼和克鲁格（Grossman and Krueger）作为研究经济增长与环境质量之间关系的开创者，于 1991 年研究了北美自由贸易协定对墨西哥环境的影响，认为在人均收入较低时，空气污染物（SO_2 和烟雾）浓度随着人均收入水平的提高而上升，当人均收入水平上升到一定程度时便开始下降，即环境污染与经济增长之间呈倒"U"型关系。帕纳约托（Panayotou，1993）首次把经济增长与环境质量之间这一倒"U"型关系命名为"环境库兹涅茨曲线"（EKC）。EKC 的主要观点为，污染物排放是收入水平的函数，在早期，随着收入水平的增加而增加，直到收入水平达到一定阈值后，污染物排放量才会随着收入水平的提高而下降，此时环境质量开始好转。此后"环境库兹涅茨曲线"假说被应用到更为广泛的领域中进行研究和验证。

目前，以二氧化碳作为环境指标的研究已有很多，由于研究者所考虑影响因素、所使用统计方法和所考察对象不尽相同，因而研究结果也不一致。总体来说，国外关于环境库兹涅茨曲线的研究主要有三种思路：第一，支持环境库兹涅茨曲线。哈米特·哈加尔（Hamit-Haggar，2012）通过对 1990~2007 年加拿大温室气体排放及其工业部门能源消费与经济增长之间关系研究发现，经济增长和温室气体排放二者存在着倒"U"型曲线关系，这一结论有效支持了环境库兹涅茨曲线假说。萨博瑞等（Saboori et al.，2012）利用马来西亚 1980~2009 年的面板数据，通过自回归分布滞后（ARDL）模型实证考察发现，在样本考察期内马来西亚的二氧化碳排放量与其国内实际人均生产总值之间存在倒"U"型的环境库兹涅茨曲线。沙赫巴兹等（Shahbaz et al.，2013）利用南非 1965～2008 年时间序列数据研究证实倒"U"型的环境库兹涅茨曲线在南非存在。奥斯杜克等（Ozturk et al.，2013）利用土耳其 1960～2007 年样本数据实证考察发现，土耳其的经济增长与碳排放之间存在倒"U"型的环境库兹涅茨曲线。刘林夕等（Lau L. et al.，2014）利用马来西亚 1970～2008 年数据，通过边界检验和格兰杰因果关系检验等方法研究发现，在马来西亚经济增长与二氧化碳排放之间存在倒"U"型曲线关系。法哈尼等（Farhani et al.，2014）利用中东和北非地区 10 个国家 1990～2009 年的面板数据实证考察发现，环境退化与收入之间存在明显的倒"U"型曲线。奥姆拉里等（Al-mulali et al.，2015）以生态足迹作为环境污染指标，利用全球 93 个国家 1980～2008 年面板数据研究发现，在中高等收入国家，生态足迹与经济增长之间存在倒"U"型曲线关系，但低收入国家并不存在。支持环境库兹涅茨曲线存在的类似研究还有：贾利勒和费里敦（Jalil and Feridun，2011）、包肖天等（Pao et al.，2011）、包肖天和蔡春明（Pao and Tsai，2010，2011a，2011b）、瑞里奥和雷卡尔德（Zilio and Recalde，2011）、阿洛伊特等（Arouriet al.，2012）、贾夫利等（Jafari et al.，2012）、奥茨坎（Ozcan，2013）和萨博瑞和苏莱曼（Saboori and Sulaiman，2013）。第二，认为环境库兹涅茨曲线（EKC）并不存在。恰拉尼（Cialani，2007）运用环境库兹涅茨曲线假说考察意大利 1861～2002 年经济增长与二氧化碳排放之间的关系，认为在意大利人均二氧化碳排放与人均收入之间并不存在倒"U"型的环境库兹涅茨曲线。哈利西奥卢（Halicioglu，2009）利用土耳其 1960～2005 年数据研究发现，土耳其的经济增长与人均二氧化碳排放并不存在倒"U"型环境库兹涅茨曲线。纳西尔和雷曼（Nasir and Rehman，2011）利用巴基斯坦 1972～2008 年数据研究发现，收入与碳排放之间不存倒"U"型的环境库兹涅茨曲线。阿拉姆等（Alam et al.，2011）研究发现，印度的人均收入与二氧化碳排放之间也不存在倒"U"型的环境库兹涅茨曲线。利斯曼和卡夫曼（Richmond and Kaufmann，2006）、阿佐玛寿等（Azomahou et al.，2006）、何洁和理查德（He and Richard，2010）和奥斯杜克等（Ozturk et al.，2010）等人也得出了类似的研究结论。第三，经济增长与环境质量之间存在其他类型曲线。阿博斯坦基（Akbostanci，2009）利用土耳其 1968～2003 年的时间序列数据研究发现，二氧化碳排放与收入之间存在一个递增的线性关系，即二氧化碳排放会随着经济的增长持续增加，但并不存在所谓的倒"U"型"拐点"。马赞蒂等（Mazzanti et al.，2007）认为，环境库兹涅

茨曲线的形状与所选取的研究样本有关，在工业化程度较高的国家存在着倒
"U"型曲线关系，而且有可能发展为"N"型曲线，而在不发达国家环境污染
和经济增长之间则存在正的线性关系曲线。

目前，针对中国经济增长与环境质量之间关系的研究也取得了许多富有价值
的成果。许广月和宋德勇（2010）利用 1990～2007 年中国省际面板数据，通过
面板单位根检验和协整分析方法，以库兹涅茨曲线理论为基础，对中国碳排放库
兹涅茨曲线的存在进行检验，结果发现，碳排放库兹涅茨曲线仅存在于中国的东
部和中部地区，而西部地区则不存在。高洪霞等（2012）利用 2000～2009 年中
国 31 个省（市、区）面板数据对环境库兹涅茨曲线在中国是否存在进行检验，
研究发现，废气及二氧化硫与经济增长之间存在倒"U"型的环境库兹涅茨曲
线，而烟尘与经济增长之间则存在正的线性关系曲线。冯烽和叶阿忠（2013）以
中国 28 个省（市、区）1995～2009 年面板数据为考察样本，采用半参数模型对
碳排放库兹涅茨曲线的存在性进行了实证考察，结果发现，碳排放库兹涅茨曲线
在中国整体层面存在，但在三大区域层面上存在差异，碳排放库兹涅茨曲线仅在
东部地区存在，而中、西部地区则不存在该种曲线。胡宗义等（2013）利用
1979～2008 年数据，采用半参数模型对碳排放库兹涅茨曲线在我国是否存在进
行验证，结果发现，我国经济增长与二氧化碳排放量之间并不存在倒"U"型曲
线，反而表现出显著的正向线性关系。李小胜等（2013）以 1991～2009 年中国
省际面板数据为样本，利用面板平滑转换模型检验了环境污染与经济增长之间的
关系发现，环境污染（不同的污染物）与经济增长之间关系具有多种形态，既
有倒"U"型关系也有"U"型关系。

上述研究只是简单证明了经济增长与环境污染之间存在一定的关系，它仅为
FDI 所引起的经济增长与环境污染之间构建了一种间接的关系，而缺乏对 FDI 与
环境污染之间相互关系的深层次分析。此后，国际产业转移理论的发展为深入探
讨 FDI 与环境污染之间的关系提供了很好的切入点和理论支持。

2.2.1.2　"污染避难所"假说及检验

"污染避难所"假说（pollution haven hypothesis）一词最早由沃尔特和乌格
洛（Walter and Ugelow，1979）在《发展中国家的环境政策》一文中提出，之后
鲍莫尔和奥兹（Baumol and Oates，1988）在《环境规制理论》一书中对"污染
避难所"假说给予了系统的理论分析，并认为如果发展中国家自愿降低环境规
制，那么其将会沦为发达国家污染转移的集中地。即该假说认为：一方面，发达

国家提高环境规制，将会增加污染密集型企业的生产成本，提高其产品价格，降低其产品竞争力，此时污染密集型企业将会向环境规制较低的发展中国家转移；另一方面，发展中国家出于政治和社会等方面因素考虑，发展经济比环境保护显得更为重要。因此，多数发展中国家更愿意制定较为宽松的环境规制政策，以吸引更多 FDI 来发展本国经济。即"污染避难所"假说隐含着 FDI 与环境污染之间的双向因果关系：一方面，发达国家提高环境规制，污染密集型 FDI 的进入会加剧发展中国家的环境污染；另一方面，发展中国家为发展经济，自愿制定较低的环境规制以吸引污染密集型 FDI 的进入。

尽管"污染避难所"假说的提出已有很长时间，但支持"污染避难所"假说的相关研究却很少，目前，关于"污染避难所"假说的研究主要有：（1）从跨国公司贸易或 FDI 的区位选择方面检验环境规制对 FDI 区位选择的影响。科普兰和泰勒（Copeland and Taylor，2004）认为，污染避难所效应只是一种现象而已，并没有较好的理论支持，环境规制对跨国公司区位选择和贸易过程的影响要小于其他因素（如制度等）；莱文森和泰勒（Levinson and Taylor，2008）利用美国、加拿大和墨西哥 1977～1986 年环境规制与贸易数据，通过局部均衡模型，在考虑模型可能存在异质性、内生性和集聚性问题的基础上对"污染避难所"假说进行检验，结果表明，当污染成本（环境规制的代理变量）每提高 1%，墨西哥和加拿大出口到美国的工业产品却分别增加 0.2% 和 0.4%，采用工具变量之后，污染成本每提高 1%，墨西哥和加拿大出口到美国的工业产品却分别增加 0.4% 和 0.6%，这与"污染避难所"假说观点恰好相反。（2）构建一国的污染产业转移指数，通常采用科尔（Cole，2004）构造的净出口消费指数（NETXC）来衡量一国或一地区的污染产业对其他国家和地区的净出口相对于国内消费的变动，如果该产业的净出口大于国内消费，则可以认为该污染产业向别国或其他地区发生了转移。科尔等（Cole et al.，2006）采用净出口消费指数对南北之间污染密集型产品贸易流动的研究发现，"污染避难所"效应并不是一种普遍现象，只在某些特定的时期内存在于某些贸易国家。蒙哥利等（Mongelli et al.，2006）通过净出口消费指数对俄罗斯钢铁制造业以及中国人工合成纤维业进行分析发现，这两个行业并不满足"污染避难所"假说。

针对"污染避难所"假说在中国是否成立的相关研究有：许和连和邓玉萍（2012）利用中国 2000～2009 年的省际面板数据，运用探索性空间分析方法对中国实际利用 FDI 与环境污染之间的关系进行研究发现，FDI 在地理上的集群利于改善我国环境污染，即"污染避难所"假说在中国并不成立。徐圆（2014）

基于中国与 OECD 国家三位 ISIC 编码的进出口贸易数据，通过实证检验认为，"污染避难所"假说在中国高污染行业（工业化学制造业和黑色金属制品业）成立，但在其他行业是否成立则缺乏明显证据。李小平和卢现祥（2010）利用净出口消费指数和环境投入产出模型等方法，结合中国 20 个工业行业与七国集团（G7）及 OECD 等发达国家的贸易数据，实证检验发现，中国并没有成为发达国家的"污染避难所"。李国平等（2013）利用中国 2005～2010 年 37 个工业行业的面板数据，验证了中国工业行业层面存在"污染避难所"现象。

然而，目前关于"污染避难所"假说尚不能得到一致结论的原因有：（1）环境规制的内生性问题（Copeland and Taylor，2009）。林季红等（2013）认为，"污染避难所"假说虽有理论上的合理性，但在分析中却忽略了"要素禀赋"因素对 FDI 流向的影响，如果考虑环境规制变量的内生性问题，"污染避难所"假说在中国也是成立的。（2）环境规制只是国际投资所考量的因素之一，东道国的政治制度、资源丰裕度、政府腐败程度等方面也显著地影响着国际资本的流向。科尔等（Cole et al.，2006）使用 33 个国家的面板数据分析表明，FDI 与环境规制之间的关系与政府腐败程度有关，即如果一国的政府腐败程度高，则该国的环境规制就会较低，该国就容易成为 FDI 的"污染避难所"。埃利奥特和岛本（Elliott and Shimamoto，2008）通过研究日本对马来西亚、印度尼西亚和菲律宾三国的对外投资与当地环境规制的相互关系发现，与环境规制相比，资源禀赋对日本的对外投资影响更大。张晓莹（2014）采用 logit 模型，以 113 个国家对中国直接投资的面板数据为样本，实证分析发现，环境规制水平并不是导致国际直接投资的主要原因，制度上的差异才是影响企业跨国扩张策略的主要因素。

2.2.1.3　"污染光环"假说及检验

与"污染避难所"假说相对的是"污染光环"假说（pollution halo hypothesis）。"污染光环"假说的支持者认为，具有先进的技术水平和管理模式的跨国公司在对外投资时，会通过技术和管理的溢出效应，促进东道国技术和管理水平的提升，最终实现东道国能源利用效率的提升和环境质量的提高。伯索兰德·惠勒（Birdsalland Wheeler，1993）通过对贸易政策与拉美国家工业污染之间关系的实证考察指出，在开放经济条件下所吸引的 FDI 并不是污染密集型产业，相反所吸引的是具有清洁技术的产业。波特和琳达（Porter and Linde，1995）认为，适当的环境规制可以激发跨国投资公司创新能力，而创新能力的提高能够部分或完全抵消由环境规制所增加的成本，也即"创新补偿"，同时，"创新补偿"不仅能降低由环境规制提高而增加的生产成本，同时还会通过技术创新提高资源的使用效率，进而减少对东道国的环境污染。

国外针对"污染光环"效应进行检验的研究有，扎尔斯基（Zarsky，1999）认为，跨国公司拥有较为先进的生产技术，在对外投资时能给东道国带来"污染光环"效应，从而减少东道国的环境污染。埃斯克兰和哈里森（Eskeland and Harrison，2003）研究发现，FDI 与东道国环境污染之间并不存在显著的相关关系，相反，与本地企业相比，跨国公司更加倾向于采用绿色生产技术，减少对东道国的环境污染。阿尔博诺兹等（Albornoz et al.，2009）研究发现，外资公司会更加积极地采用绿色环保的生产技术并实施环境管理系统（environmental management systems，EMS），通过技术与知识的溢出对东道国的环境产生积极影响。伊尔迪里姆（Yildirim，2014）利用 76 个国家 1980～2009 年的面板数据为样本，实证考察了 FDI 对东道国二氧化碳排放的影响，研究发现，在印度、冰岛、巴拿马和赞比亚"污染光环"假说得到支持，即 FDI 的增加对这些国家的二氧化碳减排产生了积极的作用。

验证"污染光环"假说在中国是否成立的研究有：梁·冯海伦（Liang F.，2008）以中国 260 多个城市，1996～2001 年的面板数据为考察样本，研究发现，外资企业比内资企业更加注重环境保护，FDI 的进入能显著减少二氧化硫的排放，有利于环境质量的改善。陈建国等（2009）以全国 1991～2006 年连续 16 年的数据为研究对象，通过对 FDI 与我国环境污染之间关系的研究发现，随着外商直接投资的增多，"污染光环"效应在我国东部地区显著存在。许和连和邓玉萍（2012）通过构建环境污染指数，利用中国 2000～2009 年省际面板数据研究发现，"污染避难所"假说在我国并不成立，FDI 在地理上的集群对我国环境污染的改善起着促进作用，其中，来自全球离岸金融中心的 FDI 能显著降低我国环境的污染程度，即产生了明显的"污染光环"效应。盛斌和吕越（2012）在 Copeland—Taylor 模型的基础上，利用中国 2001～2009 年 36 个工业行业面板数据对 FDI 的进入与东道国污染排放之间的关系检验发现，无论从整体还是分行业来看，FDI 均有利于我国工业污染物减排。林立国和楼国强（2014）以上海市 461 家环境市级监管企业 2007 年的排污数据为样本，实证考察了内外资企业的环境绩效，研究发现，由于拥有更为先进的清洁生产技术和管理模式，外资企业的环境绩效往往高于内资企业。

2.2.1.4 边际产业扩张理论

污染产业转移的另一种解释是边际产业扩张理论。20 世纪 60 年代，日本经济迅速崛起，一跃成为并肩美国与西欧的全球第三大国际对外直接投资国。日本著名经济学家小岛清根据当时日本对外直接投资的现实和国际贸易理论中的比较成本理论，于 70 年代中期提出了边际产业扩张理论，也被称为比较优势理论或比较优势投资论。小岛清发现，在经济全球化的浪潮下，一国或一地区的投资不再局限于其内部，而是在全球范围内寻求最佳的资源配置，以降低其生产成本，提高投资收益，尤其是对那些发达国家和地区而言，通过对外直接投资，将在国内失去竞争力的产业向外转移到仍具有一定竞争优势的国家或地区，这些缺乏竞争力的产业往往属于边际收益较差的产业，即小岛清所定义的边际产业。边际扩张理论的核心思想是，一国应大力发展具有比较优势的产业，增强其出口竞争力，同时，应逐渐从其比较劣势的产业中退出，放手进口该类产业的产品，以增加自己的贸易利益。投资国的对外直接投资应当是从那些在本国已经处于或即将处于比较劣势的产业开始，即边际产业，尽管这些产业在国内已经失去或正在失去竞争优势，但在东道国仍具有显在或潜在的比较优势，这样可以实现互利共赢。在图 2 – 1 中，Ⅰ 线为日本企业的商品成本线，假设 a，…，z 均可用 100 日元生产出来。Ⅱ 虚线是东道国商品成本线，a^*，…，z^*，成本由低到高，a^* 的成本为 0.8 美元，z^* 为 5 美元，Ⅰ 线与 Ⅱ 线相交于点 m，此点表示按 100 日元 = 1 美元汇率计算两国 m 商品的成本比率相等，当美元汇率上涨时，Ⅱ 线会整体向左上方移动，下跌时则向右下方移动，因此，左边的 a、b、c 产业为日本的边际产业，拟有这些产业开始对外直接投资，投资的结果可以使东道国的成本下降至 a^*、b^*、c^*，这样就可以实现利益均沾。

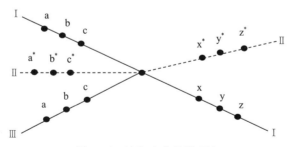

图 2 – 1　边际产业扩张理论

因此，随着环境的不断恶化和人们的环保意识增强，发达国家迫于国内外的压力开始逐步提高其环境规制水平，然而，环境规制的提高必然会引起资源密集型和污染密集型产业生产成本的增加，这些产业便成为具有或即将具有比较劣势的产业，也就是发达国家率先向外投资的边际产业。与此同时，因迫于发展经济压力，发展中国家主动降低环境规制水平，这将吸引发达国家转移具有比较劣势产业到发展中国家，进而会对发展中国家造成一定的环境压力。

综上所述，自"环境库兹涅茨曲线"假说被提出以来，学术界关于经济增长与环境污染之间关系的研究，主要集中在对"环境库兹涅茨曲线"的形态和拐点进行经验检验与理论阐释。尽管这些研究为 FDI 所引起的经济增长与环境污染之间构建了一种间接的关系，但并没有深入分析 FDI 与环境污染之间的关系，边际产业扩张理论的出现为"污染避难所"假说提供了相应的理论支持，但仍有一部分学者认为 FDI 的进入会对环境产生"污染光环"效应。也就是说，虽然遭遇"污染避难所"难题的国家和地区普遍存在，但同时仍存在一些表现为"污染光环"而不是"污染避难所"现实案例。

2.2.2　FDI 对碳排放强度影响的理论分析

2.2.2.1　生产技术假定

假设在经济系统中，只存在两种产品 X 和 Y。X 为产生碳排放（C）的污染产品，Y 为不产生碳排放的清洁产品。在极端情况下，产品 X 的生产，由于技术等各方面的原因，必然伴随着向环境中排放二氧化碳，且二氧化碳排放量与产品 X 的产量相关；产品 Y 的生产，由于在生产中采用清洁的生产技术，其生产过程不会向环境中排放二氧化碳。假设 X 和 Y 两种产品价格为 p^X 和 p^Y，其生产过程中只有 K 和 L 两种投入要素，且满足产品 X 的资本劳动比 $k_X = K_X/L_X$ 大于产品 Y 的资本产出比 $k_Y = K_Y/L_Y$。在技术方面，两种产品的规模收益不变。要素禀赋假说认为，污染密集型产品往往属于资本密集型产品，而清洁产品往往属于劳动密集型产品，因此，本节假设 X 为资本密集型产品，Y 为劳动密集型产品。[1]

根据上述假设，可将产品 X 和产品 Y 的生产函数表示为：

$$Y = H（K_Y，L_Y） \tag{2-1}$$

$$X =（1-\theta）F（K_X，L_X） \tag{2-2}$$

$$C = \omega（\theta）F（K_X，L_X） \tag{2-3}$$

其中，θ 表示在既定的投入要素中，为治理污染物排放所投入要素，即 X 生产部门中为减少碳排放而投入的生产要素占 X 生产部门全部投入生产要素的比例，且 $0 \leq \theta \leq 1$，$\omega（\theta）$ 表示二氧化碳减排强度函数，且 $\omega（0）> 0$，$\omega（1）= 1$，

---

① 该部分内容主要参考了盛斌和吕越（2012）一文中对外商直接投资与环境污染之间关系的理论推导。

$\omega'(\theta) < 0$，$\omega''(\theta) > 0$，这说明 $\omega(\theta)$ 是一个关于 θ 的减函数，即随着治理碳排放的投入要素增多，碳排放就会减少。

由式（2-2）可知，产品 X 的产出由两部分决定，即产品 X 的潜在最大产出 F 和治理碳排放投入生产要素的比例 θ 二者的大小来决定，由此可见，产品 X 的生产是一个关于 θ 的减函数，随着 θ 增大而减小。而现实中，二氧化碳减排函数 $\omega(\theta)$ 不仅受 θ 的影响，同时还会受到技术水平 A 的影响。借鉴科普兰和泰勒（Copeland and Taylor，2003）、盛斌和吕越（2012）的做法，将产品 X 的二氧化碳减排强度函数的具体形式设置如下：

$$\omega(\theta) = \frac{1}{A}(1-\theta)^{1/\alpha} \qquad (2-4)$$

其中，A 表示实施碳减排的技术水平，α 为大于 0 小于 1 的参数。[1] 由式（2-4）可知，$\omega(\theta)$ 不仅是关于 θ 的减函数，同时，也是关于 A 的减函数，也就是说，在二氧化碳排放治理投入要素 θ 不变的情况下，随着碳减排技术水平 A 的提高，碳排放会减少。

将碳排放强度函数式（2-4），代入碳排放生产函数式（2-3）中，可得：

$$C = \frac{1}{A}(1-\theta)^{1/\alpha} F(K_X, L_X) \qquad (2-5)$$

此时，产品 X 的生产函数可表示为：

$$X = (AC)^{\alpha} [F(K_X, L_X)]^{1-\alpha} \qquad (2-6)$$

式（2-6）表明，产品 X 可看作是二氧化碳排放 C 和潜在产出 F 两种生产要素投入所生产，且满足规模收益不变的齐次函数特征。

2.2.2.2　最佳产出决策

对于产品 X 来说，由于其生产会向环境中排放二氧化碳，从而产生负的外部环境效应，因此产品 X 的生产具有潜在的减排机会成本，在产权明晰的情况下，X 的生产部门要为二氧化碳的排放付出一定的成本 τ，此时，τ 可看作是政府对 X 生产部门所征收的碳税或企业向政府用于购买碳排放配额的费用，也可称为政府实施的环境规制强度。此时，产品 X 的生产部门获得利润最大化的关键就是使单位 X 产品生产成本最小化。

根据式（2-6），可将 X 生产部门利润最大化决策分为两个步骤实现：

第一，依据资本成本 r 和劳动力工资 w，选择最佳的资本 K 和劳动力 L 的组

---

[1] α 为产品 X 的生产函数中各种投入要素的比例参数，即假设 $F(K_X, L_X) = K^{\alpha}L^{1-\alpha}$。

合，实现产品 X 潜在产出 F 单位成本最小化。

$$c^F \ (w, \ r) \ = \min \ \{wK_F + rL_F, \ F \ (K_F, \ L_F) \ = 1\} \qquad (2-7)$$

其中，K_F 和 L_F 分别为生产单位潜在产出产品 X 所需要的资本和劳动。在不考虑碳减排成本的情况下，产品 X 潜在产出的总成本为 $c^F \ (w, \ r) \ F$。

第二，在给定碳减排成本 τ 和产品 X 单位潜在生产成本 $c^F \ (w, \ r)$ 的情况下，选择合适的二氧化碳排放量 C 和产品 X 潜在最大产出量，以实现单位 X 产品的生产成本最低。

$$c^X \ (\tau, \ c^F) \ = \min \ \{\tau AC + c^F F, \ (AC) \ F^{1-\alpha} = 1\} \qquad (2-8)$$

在考虑减排成本的情况下，产品 X 的潜在产出总成本为 $c^X \ (\tau, \ c^F) \ X$，此时，实现成本最小化的一阶条件为：

$$\frac{(1/\alpha) \ AC}{[1/ \ (1-\alpha) \ ]} = \frac{c^F}{\tau} \qquad (2-9)$$

假设产品 X 的市场是完全竞争的，当市场达到均衡时，产品 X 部门的净利润为 0，则有：

$$p^X X = c^F F + \tau C^* \qquad (2-10)$$

其中，$C^* = AC$，为产品 X 生产中的有效二氧化碳排放，由此根据式 (2-9) 和式 (2-10) 可得到产品 X 的碳排放强度 (生产单位 X 产品二氧化碳排放量) e 为：

$$e = \frac{C}{X} = \frac{\alpha p^X}{A\tau} \qquad (2-11)$$

式 (2-11) 表明，产品 X 部门的碳排放强度 e 与碳减排技术水平 A 负相关，即碳减排技术水平的上升会降低产品 X 部门的碳排放强度，同时，产品 X 部门的碳排放强度 e 与二氧化碳排放成本 τ 也呈负相关关系，即产品 X 部门的碳排放强度会随着二氧化碳排放成本的提高而降低；而产品的价格则与碳排放强度呈正相关关系。

将式 (2-1) 和式 (2-3) 代入式 (2-11)，可得碳排放资源最佳投入量：

$$\theta = 1 - \left(\frac{\alpha p^X}{\tau}\right)^{\alpha/(1-\alpha)} \qquad (2-12)$$

由式 (2-9) 可知：$c^F \ = \ (1-\alpha) \ a^{-1} \tau AC/F \qquad (2-13)$

将式 (2-2) 和式 (2-13) 代入式 (2-10) 中，可得到产品 X 的单位潜在产出生产成本 $c^F \ = \ (1-\alpha) \ p^X \ (1-\theta)$，将式 (2-12) 中的 θ 代入 c^F 中可得：

$$c^F \ (w, \ r) \ = \ (1-\alpha) \ p^X \ (1-\theta) \ = p^X \ (1-\alpha) \ \left(\frac{\alpha p^X}{\tau}\right)^{\alpha/(1-\alpha)} \qquad (2-14)$$

在完全竞争的产品市场达到均衡时，产品 X 的价格 p^X 等于其边际成本 c^X，产品 Y 的价格 p^Y 等于其边际成本 c^Y，即：$p^X = c^X$，$p^Y = c^Y$　　　　（2 – 15）

同样，在充分就业条件下，要素市场达到均衡时有：

$$\begin{cases} \dfrac{\alpha_{KF}X}{1-\theta} + \alpha_{KY}Y = K \\[3mm] \dfrac{\alpha_{LF}X}{1-\theta} + \alpha_{LY}Y = L \end{cases} \qquad (2-16)$$

α_{KF} 和 α_{LF} 分别为单位 X 潜在产出所需投入的资本要素 K 和劳动力要素 L，α_{KY} 和 α_{LY} 分别为单位 Y 产出所需投入的资本要素 K 和劳动力要素 L。

在给定产品 X 的价格 p^X 和产品 Y 的价格 p^Y 时，由式（2 – 14）和式（2 – 15）可知，w 和 r 的价格只受 p^X 和 p^Y 影响，因此，当产品市场达到均衡时，可将产品 X 和产品 Y 的均衡产量表示为：

$$\begin{cases} X = X\ (p^X,\ p^Y,\ \tau,\ K,\ L) \\ Y = Y\ (p^X,\ p^Y,\ \tau,\ K,\ L) \end{cases} \qquad (2-17)$$

2.2.2.3　FDI 对碳排放强度影响的传导机制推导

根据上述分析，若产品市场达到均衡，且单位二氧化碳排放量（碳排放强度）已知的情况下，最佳的二氧化碳排放量可表示为：

$$C = eS\varphi_X/p^X \qquad (2-18)$$

其中，$S = p^X X + p^Y Y$ 表示经济规模，$\varphi_X = p^X X / (p^X X + p^Y Y)$ 表示产品 X 的产量占整个经济总量的份额，w、r、p^X、p^Y 在模型中被假定为外生变量，同时，放开对单位二氧化碳减排成本 τ 固定不变的假定，对式（2 – 18）两边同时取对数后求导可得：

$$\frac{dC}{C} = \frac{dS}{S} + \eta_{\varphi,\tau}\frac{d\tau}{\tau} + \eta_{\varphi,k}\frac{dk}{k} - \frac{dA}{A} - \frac{d\tau}{\tau} \qquad (2-19)$$

安特韦勒等（Antweiler et al.，2001）在格罗斯曼和克鲁格（Grossman and Krueger，1991）的基础上提出了一个包含赫克歇尔 – 俄林 – 萨缪尔森定理（Heckscher-Ohlin-Samuelson，HOS）的开放经济条件下环境污染一般均衡理论模型，该模型认为，在开放经济条件下，一国或地区的环境污染是由贸易诱导的规模效应、结构效应和技术效应所决定。借鉴安特韦勒的分析结论，本书认为，二氧化碳排放也会受到一国经济的规模效应 dS/S、结构效应 dk/k[①] 和技术效应

---

① 要素禀赋假说认为，资本密集型产业往往是污染密集型产业，而劳动力密集型产业往往是清洁产业，因而不同的资本产出比 k 可以代表不同的产业结构，故可以把 dk/k 看作结构效应。

dA/A 的影响。

同样，FDI 的进入也会通过经济规模、经济结构和技术溢出对东道国二氧化碳排放产生影响，对式（2-19）两边对 FDI 求导，并乘以 FDI 可得：

$$\frac{dC}{dFDI}\frac{FDI}{C} = \frac{dS}{dFDI}\frac{FDI}{S} + \eta_{\varphi,\tau}\frac{d\tau}{dFDI}\frac{FDI}{\tau} + \eta_{\varphi,k}\frac{dk}{dFDI}\frac{FDI}{k}$$
$$- \frac{dA}{dFDI}\frac{FDI}{A} - \frac{d\tau}{dFDI}\frac{FDI}{\tau} \tag{2-20}$$

在环境规制外生①的前提假设下，可将 FDI 的进入导致二氧化碳排放的因素分为 FDI 的规模效应、FDI 的结构效应和 FDI 的技术效应：

$$\frac{dS}{dFDI}\frac{FDI}{S} \qquad 规模效应 \tag{2-21}$$

$$\eta_{\varphi,\tau}\frac{d\tau}{dFDI}\frac{FDI}{\tau} + \eta_{\varphi,k}\frac{dk}{dFDI}\frac{FDI}{k} \qquad 结构效应 \tag{2-22}$$

$$\frac{dA}{dFDI}\frac{FDI}{A} \qquad 技术效应 \tag{2-23}$$

式（2-21）~式（2-23）清晰地给出了 FDI 的进入对东道国二氧化碳排放产生影响的四种渠道。碳排放强度即单位 GDP 的二氧化碳排放量，计算公式为：该段时期的二氧化碳排放总量与该时期国内生产总值的比重。从计算公式的构成来看，碳排放强度的大小及其变化受到二氧化碳排放增长率与 GDP 增长率的双重影响，当 GDP 增长率大于二氧化碳排放增长率时，碳排放强度就会下降，当 GDP 增长率小于二氧化碳排放增长率时，碳排放强度就会上升。因此，作为同时衡量环境污染与经济增长的强度指标，FDI 对碳排放强度的影响同样会通过规模效应、结构效应和技术效应进行传导。

（1）FDI 的规模效应。

FDI 的规模效应是指，FDI 的流入主要从两个方面促进东道国经济规模的扩大：一方面，两缺口理论从投资角度解释了发展中国家引进 FDI 的原因，随着 FDI 进入一国或地区，将会弥补发展中国家的"外汇缺口"和"储蓄缺口"，从而提高东道国的投资水平，推动东道国的经济发展；另一方面，FDI 的进入除了带来资本之外，还带来了先进的生产和管理技术，外资企业通过技术转移或技术溢出等渠道来提高东道国的生产率，进而扩大东道国的经济规模。

---

① 环境规制外生的假设主要是基于环境规制强度的高低，并不是由 FDI 的进入所决定的，而是随着收入水平的提高，人们对高质量环境的内在需求所决定的。

FDI 对东道国碳排放强度影响的规模效应也同样表现在两个方面：一方面，FDI 的引进在扩大东道国经济规模的同时，也增加了东道国能源消费，而能源消费的增多无疑会刺激东道国二氧化碳排放量的增多。此时，如果经济增长的速度小于二氧化碳排放增长的速度，FDI 所带来的经济规模扩大会提高碳排放强度，反之，则会降低东道国的碳排放强度。另一方面，经济规模的扩大会提高人均收入水平，随着人均收入水平的提高，公众对环境质量的要求就会越高，此时，政府将采取更为严厉的环境规制措施以提高环境质量。与此同时，企业也会为了适应环境规制的要求，采用更加清洁的生产方式，从而会提高能源效率，减少污染物的排放，此时，由人均收入水平的上升而引致的环境规制效应对降低东道国碳排放强度具有积极的正向作用。因此，从上述两个方面来看，FDI 引致的规模效应对东道国碳排放强度的影响，通过不同的渠道会产生的作用不同。

（2）FDI 的结构效应。

产业结构调整与生产要素的流动密切相关。就三次产业而言，作为资本相对密集的第二产业的能源消耗和二氧化碳排放均会高于第一产业和第三产业，即在相同的经济规模下，不同的产业结构对一国或地区的能源消耗和二氧化碳排放的影响也不同。而 FDI 对东道国碳排放强度影响的结构效应主要体现在对产业结构的变动上，因此，FDI 的结构效应可能为正也可能为负。如果所吸引的 FDI 主要投入到第三产业或第二产业中的一些清洁生产部门时，FDI 则会在促进经济增长的同时减少能源消耗和二氧化碳排放，此时，FDI 的进入所产生的结构效应会降低该国或该地区的碳排放强度。但对于发展中国家而言，在发展中国家的初级发展阶段，为推动经济发展，增强本地区吸引 FDI 的竞争力，往往会采取主动降低其环境规制或实行内外有别的环境政策以吸引 FDI，使得外商倾向于在能源密集型或污染密集型产业投资，这往往会使发展中国家的产业结构向高能耗、高污染和高排放的"三高"产业发展，此时，FDI 的引进会增加发展中国家的二氧化碳排放，提高其碳排放强度。在经济发展到更高水平之后，发展中国家会提高 FDI 进入的门槛，加强环境规制，引导 FDI 投向第二产业中的清洁生产部门和以服务业为主的第三产业，限制 FDI 向"三高"产业投资，此时，FDI 引致的产业结构变化会相对减少发展中国家的二氧化碳排放，进而降低其碳排放强度。

（3）FDI 的技术效应。

由斯蒂芬·海默（Stephan Hymer，1976）提出并经金德尔伯格（Kindleberger）补充和发展的垄断优势理论是最早研究对外直接投资的独立理论，该理论认为，跨国公司对外直接投资的主要原因是它具有比东道国同类企业更有利的垄断优势，从而在国外进行生产可以赚到更多的垄断利润，故又可以称之为所有权理论或公司特有优势理论。这种垄断优势主要包括生产技术、组织和管理技能、销售技能等一切无形资产在内的知识资产优势。但对于发展中国家来说，FDI 所带来的技术溢出是发展中国家获取技术进步的主要渠道之一。因此，跨国公司在对东道国进行投资时不仅带来资金，其拥有的特定垄断优势还会通过示范模仿、竞争、人员流动、前后向关联等方式无意识地导致技术非自愿性扩散，进而促进东道国技术的进步，带来积极的技术溢出效应。技术溢出效应对碳排放强度的影响表现在两个方面：一是提高生产效率，扩大经济规模；二是提高能源效率，降低能源消耗系数。从这两个方面来讲，FDI 的技术溢出效应对降低碳排放强度具有正向的促进作用。

FDI 的技术溢出效应主要通过四种方式：第一，示范和模仿效应。指国内企业通过观察学习、模仿邻近外资企业先进的生产技术、管理方式、组织和销售技能来提升自身的技术水平和生产率水平。第二，竞争效应。指在同一产业内，国内企业为保持竞争优势抵御外资企业的进入，必然会努力提高自己的技术水平和生产效率，同时，外资为进入一国或地区的某一行业也将采用更为先进的技术，以获得更大的竞争优势，这样又会在内外资之间造成新一轮的技术溢出。第三，人员培训效应。指跨国公司在进入一国或一地区之后，为保障投资项目的顺利进行，需要对雇用的本地工人进行培训，经过培训的人员离职后可能会加入到本地公司，从而将从外资公司掌握的技能传播出去，造成人为的技术扩散。第四，产业关联效应。与竞争效应的产业内溢出不同，产业关联效应造成的技术溢出是产业间的溢出。外资企业通常具有技术等方面的优势，当其与供应商等上游企业发生前向关联或者与销售商等下游企业发生后向关联时，本地企业就有可能通过学习和模仿来获得外资企业的技术溢出。

2.3 本章小结

首先，从已有的研究成果看，许多学者分别从不同角度，应用各种理论对二氧化碳排放及碳排放强度的影响因素进行了广泛而全面的研究，认为 FDI、产业结构、能源消费结构、能源消费强度、人均收入水平、技术创新水平等因素对二氧化碳排放和碳排放强度产生了显著影响。其次，就本书关注的 FDI 而言，虽然也涌现出了许多富有价值的研究成果，但对 FDI 的进入究竟是提高了东道国碳排放强度还是降低了东道国碳排放强度的研究仍存争议。最后，本书从对 FDI 与环境污染之间的相关理论假说出发，就 FDI 对碳排放强度产生影响的传导渠道进行了理论推导。

现有的理论分析与实证考察结果的不一致表明，基于线性假定框架下就 FDI 与碳排放强度之间关系的研究无法对"污染避难所"和"污染光环"案例并存的经验事实给出合理解释，FDI 与碳排放强度之间可能存在着较为复杂的线性或非线性关系，因此，在对现有文献进行梳理和回顾分析的基础上，结合 FDI 与碳排放强度之间关系的相关理论分析，本书在后面的章节中将从全国、区域和传导渠道三个方面，利用动态面板模型和联立方程组模型就 FDI 对中国碳排放强度的影响进行实证考察，并利用面板门槛模型对二者之间可能存在的非线关系做进一步的检验与解释。

第 3 章

中国利用 FDI 和碳排放
强度的现状分析

随着综合国力的不断提升，大规模外资正加速进入中国。据联合国贸易发展联合会议公布的《全球投资趋势报告》可知，2014 年，全球 FDI 规模为 1.26 万亿美元，同比下降 8%，而中国实际利用 FDI 不仅没有下降，反而增长了 3%，达到 1 280 亿美元。然而，作为经济增长速度最快的国家之一，中国在吸引大量 FDI 的同时也因高能耗、高污染和低产出的粗放型发展模式而付出了极大的环境代价，在 FDI 利用总额不断增长过程中，巨大的能源消耗导致了二氧化碳排放总量迅速增加。在资源环境与经济社会协调发展的内在需求、全球变暖和国际减排的外在压力下，节能减排在中国显得尤为紧迫。本章利用近年相关数据，对中国利用 FDI 和碳排放强度的现状进行梳理分析，以便为后续实证研究奠定基础。

3.1 中国利用 FDI 的现状分析

3.1.1 FDI 的发展历程

中国利用 FDI 大致可以分为四个阶段：第一阶段（1979~1986 年）是吸引 FDI 的起步阶段。十一届三中全会后，国家为利用外资制定了一系列法规和政策，如 1979 年颁布了首部利用外资法律《中华人民共和国中外合资经营企业法》，相关法律的颁布和政策的制定初步改善了我国的投资环境，该段时期协议利用和实际利用外资的数量都有了一定幅度的增长，然而，该段时期我国吸引的外资主要以借款为主，实际利用 FDI 仅占全部实际利用外资的 39.23%①，且该阶段 FDI 主要来源于港澳地区，其投资主要集中于我国东南沿海的劳动密集型产业和少量的服务业。第二阶段（1987~1991 年）是利用外资的稳步发展阶段。国务院于 1986 年制定了《国务院关于鼓励外商投资的规定》，一系列扩大开放和吸引外资的举措，使我国的外商投资环境得到进一步改善，该时期我国实际利用 FDI 总额达 167.53 亿元，占到全部实际利用外资金额的 33.12%。第三阶段（1992~2001 年）是利用 FDI 的快速发展阶段。在 1992 年邓小平同志南方谈话之后，中央提出《关于加快改革、扩大开放，力争更好更快地上一个新台阶的意见》，意见的出台为我国更多更好地利用外资、扩大开放扫除了障碍。国务院于 2000 年提出西部大开发战略，并于同年发布了《中西部地区外商投资优势产业目录》，中央为中、西部地区利用外资制定了一系列的优惠政策，与此同时，外商投资的范围开始由东南沿海地区逐步扩大到中、西部地区，该段时期我国实际利用 FDI 总额达 3 701.1 亿美元，占到全部实际利用外资金额的 75.7%。第四阶段（2002 年至今）是利用 FDI 的高速发展阶段。在 2001 年末我国正式加入 WTO 之后，为兑现加入 WTO 的承诺，我国对外资开放的领域逐步从制造业扩大到服务业，从个别领域扩大到全方位、多领域，达到对外开放新阶段。图 3 - 1 显示了 1970~2013 年全球、发展中国家、发达国家及中国利用 FDI 的规模。

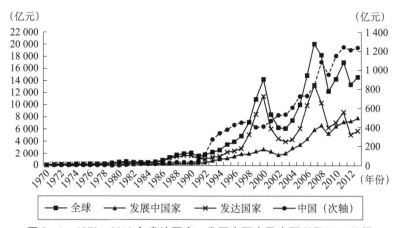

图 3 - 1　1970~2013 年发达国家、发展中国家及中国利用 FDI 总额

资料来源：UNCTAD FDI-TNC-GVC Information System，FDI database.

---

① 数据来源于《新中国六十年统计资料汇编》，作者整理计算。

3.1.2 FDI 的演变趋势

近年来，在全球 FDI 大幅波动的背景下，中国利用 FDI 规模仍然保持了稳步增长的态势。从实际 FDI 项目与总额上看，如图 3 - 2 所示，中国实际利用 FDI 在 2005 年前后出现一个明显的变化：2005 年之前，实际利用 FDI 随着投资项目的多少而变；2005 年之后，实际利用 FDI 的金额在不断扩大，但投资项目却在不断减少。这说明我国利用 FDI 的战略在发生变化：由政策优惠吸引逐渐转变为竞争秩序和投资环境吸引，由注重吸引资金转向注重引进技术，由关注规模转向关注结构，由注重数量到注重质量的战略转变。

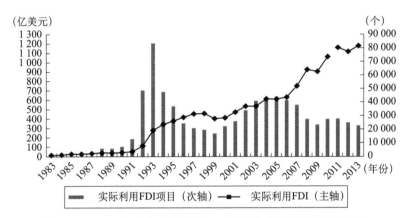

图 3 - 2　1983 ~ 2013 年中国利用 FDI 总额与总项目数的变动趋势

资料来源：根据商务部外资数据整理。

3.1.3 FDI 的来源构成

经济全球化促进了世界各国的交流与合作，中国大陆（内地）与国际资本市场和世界知名的投资者建立了广泛的联系，到目前为止，已吸收利用了七大洲 180 多个国家和地区的对外投资，FDI 的主要来源由我国的港澳台地区逐渐扩展到世界多个国家和地区，但从利用总额来看，吸收的 FDI 仍然主要集中于少数几个国家和地区。

从 FDI 的主要来源地看，如表 3 - 1 和图 3 - 3 所示，港澳台地区仍是中国大陆（内地）FDI 的最大来源地，尽管 1997 ~ 2005 年来源于港澳台地区的 FDI 份额逐渐下降，但是投资总额几乎没有变化。这说明在该段时期，尽管也受到了亚洲金融危机的影响，实际利用 FDI 有小幅下滑，但中国大陆（内地）对港澳台地区的对外投资仍具有很强的吸引力，自 2006 年以来，来源于港澳台地区的 FDI 份额开始逐步上升并稳定占到全部实际利用 FDI 总额的 50% 以上，2013 年更是占到全部份额的 64.7%。来源于新加坡的 FDI 变化趋势与我国的港澳台地区相似，虽然 1997~2005 年投资份额略有下降，但从 2006 年开始投资份额逐步提升，并于 2013 年成为中国第二大 FDI 来源地。此外，除了我国的港澳台地区和新加坡之外，其他地区和国家的投资份额基本都在下滑，如欧盟 1997 年的投资份额高达 9.62%，到 2013 年却下滑到 5.29%；美国的投资份额也从 1997 年的 7.16% 下降到 2013 年的 2.4%；日本虽然在 2013 年成为中国大陆（内地）的第三大 FDI 来源地，但其投资份额却也从 1997 年的 9.56% 下降到 2013 年的 6%，并有进一步下降的趋势。

表 3-1　　　　　　　部分年份不同来源地 FDI 投资总额与比重

国家或地区	1997 年		2004 年		2009 年		2012 年		2013 年	
	金额（亿美元）	比重（%）	金额（亿美元）	比重（%）	金额（亿美元）	比重（%）	金额（亿美元）	比重（%）	金额（亿美元）	比重（%）
中国香港特区	206.32	45.6	190.0	31.3	460.8	51.2	655.6	58.7	733.96	62.4
新加坡	26.06	5.76	20.08	3.31	36.05	4.00	63.05	5.64	72.29	6.15
日本	43.26	9.56	54.52	8.99	41.05	4.56	73.52	6.58	70.58	6.00
欧盟	41.71	9.22	42.64	7.30	51.12	5.68	52.60	4.78	62.22	5.29
维尔京群岛	17.17	3.79	67.30	11.1	112.99	12.6	78.31	7.01	61.59	5.24
韩国	21.42	4.73	62.48	10.3	27.00	3.00	30.38	2.72	30.54	2.60
美国	32.39	7.16	39.41	6.50	25.55	2.84	25.98	2.33	28.20	2.40
中国台湾地区	32.89	7.27	31.17	5.14	18.81	2.09	28.47	2.55	20.88	1.78
萨摩亚	1.84	0.41	11.29	1.86	20.20	2.24	17.44	1.56	20.11	1.71
开曼群岛	1.58	0.35	20.43	3.37	25.82	2.87	19.75	1.77	16.68	1.42
百慕大	1.05	0.23	4.23	0.70	2.58	0.29	7.92	0.71	8.01	0.68
中国澳门特区	3.95	0.87	5.46	0.90	8.15	0.90	5.06	0.45	4.60	0.50
加拿大	3.44	0.76	6.14	1.01	8.62	0.96	4.35	0.39	5.36	0.46
澳大利亚	3.14	0.69	6.63	1.09	3.94	0.44	3.38	0.30	3.30	0.28
新西兰	0.53	0.12	1.15	0.19	0.85	0.09	1.19	0.11	0.68	0.10

资料来源：国家数据库（http://data.stats.gov.cn/）。

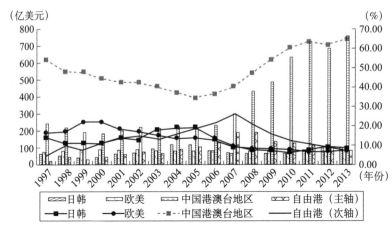

图 3 - 3 不同来源地 FDI 及其比重变化趋势

资料来源：国家数据库（http：//data. stats. gov. cn/）。

从实际利用 FDI 总额来看，香港地区仍是中国大陆（内地）的第一大 FDI 来源地，2013 年的投资额达 733.96 亿美元，排在第二位的新加坡的 FDI 投资额从 1997 年的 26.06 亿美元增加到 2013 年的 72.29 亿美元；日本的 FDI 投资额也从 1997 年的 43.26 亿美元增加到 2013 年的 70.58 亿美元；欧盟的 FDI 的投资总额在 2013 年高达 62.22 亿美元；中国大陆（内地）利用 FDI 前五大来源地的总额从 1997 年的 358.41 亿美元增加到 2013 年的 1 000.68 亿美元，占比也从 1997 年的 79.19% 上升到 2013 年的 85.1%，这表明中国大陆（内地）利用 FDI 的来源地进一步集中。

3.1.4 FDI 的产业分布

改革开放以来，FDI 的涌入速度不断加快，在三次产业间的分布也在发生变化，具体特点为：

第一，FDI 在三次产业间的分布日趋合理。FDI 在三次产业间的分布如图 3 - 4 所示，中国三次产业利用 FDI 产业结构份额，从 2005 年的"二、三、一"的格局，逐渐过渡到 2012 年更加合理的"三、二、一"格局，第三产业利用 FDI 份额迅速扩大并超过第二产业利用 FDI 份额，第一产业利用 FDI 份额仍然较低，到 2012 年也只占到全部份额的 2%。

第二，FDI 在三次产业内部的分布过于集中。FDI 在三次产业内部分布如表 3 - 2 所示，第一产业利用 FDI 较少，且主要集中于资源生产加工类项目。FDI 主

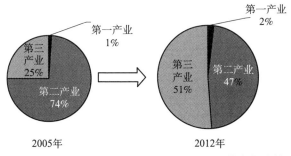

图 3 - 4 中国三次产业不同阶段利用 FDI 的变化趋势

资料来源：根据 2005 年、2012 年《中国统计年鉴》整理。

要集中在第二产业，其中，重点又在工业部门，第二产业内部 FDI 过度集中于制造业。尽管制造业领域 FDI 占我国实际利用 FDI 的份额从 2005 年的 70.37% 下降到 2012 年的 38.74%，但在第二产业内部年均占比仍高达 93.92%。第三产业利用 FDI 主要投向了房地产业，房地产业利用 FDI 在第三产业内占比从 2005 年的 36.32% 上升到 2012 年的 49.29%。相比之下，流入到居民服务、教育业、文化卫生、社会保障和社会福利的 FDI 较少，2005～2012 年，年均利用 FDI 仅占第三产业实际利用 FDI 总额的 2.89%。

表 3 - 2　　　　　　2005～2012 年部分年份 FDI 的行业及产业分布

行业及占比	2005 年	2007 年	2009 年	2010 年	2011 年	2012 年
农、林、牧、渔业（亿美元）	7.18	9.24	14.29	19.12	20.09	20.62
第一产业占比（%）	1.19	1.24	1.59	1.81	1.73	1.85
采矿业（亿美元）	3.55	4.89	5.01	6.84	6.13	7.70
制造业（亿美元）	424.53	408.65	467.71	495.91	521.01	488.66
电力、燃气及水的生产和供应业（亿美元）	13.94	10.73	21.12	21.25	21.18	16.39
建筑业（亿美元）	4.90	4.34	6.92	14.61	9.17	11.82
第二产业占比（%）	74.09	57.33	55.62	50.94	48.05	46.96
交通运输、仓储和邮政业（亿美元）	18.12	20.07	25.27	22.44	31.91	34.74
信息传输、计算机服务和软件业（亿美元）	10.15	14.85	22.47	24.87	26.99	33.58
批发和零售业（亿美元）	10.39	26.77	53.90	65.96	84.25	94.62
住宿和餐饮业（亿美元）	5.60	10.42	8.44	9.35	8.43	7.02
金融业（亿美元）	2.20	2.57	4.56	11.23	19.10	21.19
房地产业（亿美元）	54.18	170.89	167.96	239.86	268.82	241.25
租赁和商务服务业（亿美元）	37.45	40.19	60.78	71.30	83.82	82.11
科学研究、技术服务和地质勘查（亿美元）	3.40	9.17	16.74	19.67	24.58	30.96
水利、环境和公共设施管理业（亿美元）	1.39	2.73	5.56	9.09	8.64	8.50

行业及占比	2005 年	2007 年	2009 年	2010 年	2011 年	2012 年
居民服务和其他服务业（亿美元）	2.60	7.23	15.86	20.53	18.84	11.65
教育（亿美元）	0.18	0.32	0.13	0.08	0.04	0.34
卫生、社会保障和社会福利业（亿美元）	0.39	0.12	0.43	0.90	0.78	0.64
文化、体育和娱乐业（亿美元）	3.05	4.51	3.18	4.36	6.35	5.37
其他（亿美元）	0.04	0.01	0.00	0.00	0.01	0.00
第三产业占比（%）	24.72	41.44	42.79	47.25	50.21	51.20

3.1.5　FDI 的区域分布

自 1978 年以来，中国吸收和实际利用 FDI 的项目和金额都迅速增长，在经济增长的过程中发挥着重要的推动作用，同时，外资经济也成为我国经济增长中的重要组成部分。然而，由于中国各地区的经济发展状况、资源禀赋、经济基础以及区域性引资政策等方面的差异，使得中国利用外商直接投资在东部、中部、西部三大区域①的分布呈现出了显著的空间非均衡特征。

如图 3-5 所示，无论是相对份额还是实际利用 FDI 总额，东部地区都远高于中部、西部地区，2001~2012 年，东部地区年均利用 FDI 额为 663.82 亿美元，年均占全国利用 FDI 的总额比重高达 86.06%；而中部和西部地区年均利用 FDI 的比重只有 9.26% 和 4.68%，总额也只有 73.39 亿美元和 36.43 亿美元。2012 年，三大区域实际利用 FDI 的总额分别为 960.76 亿美元、103.9 亿美元和 52.51 亿美元，相对比重分别为 86%、9.3% 和 4.7%。从动态变化上来说，东部、中部、西部三大区域实际利用 FDI 占全国 FDI 利用总额的比重变化较为平稳，在我国利用 FDI 迅速增长的背景下，上述事实说明：第一，比重稳定不变，表明东部地区仍然是 FDI 的首选目的地，而中部、西部地区在吸引外商直接投资方面略显乏力；第二，尽管东部地区利用的外商直接投资比重一直维持在 85% 以上，但中部和西部地区利用 FDI 的绝对数额仍然从 2001 年的 38.44 亿美元和 27.19 亿美元增加到 2012 年的 103.9 亿美元和 52.51 亿美元，这说明 FDI 有从东部地区向中部、西部地区转移的趋势。

---

① 东部地区包括：北京、天津、河北、辽宁、上海、江苏、浙江、福建、山东、广东和海南 11 个省（市）；中部地区包括：山西、吉林、黑龙江、安徽、江西、河南、湖北、湖南 8 省；西部地区包括：四川、重庆、贵州、云南、西藏、陕西、甘肃、青海、宁夏、新疆、广西、内蒙古 12 个省（市、区）。

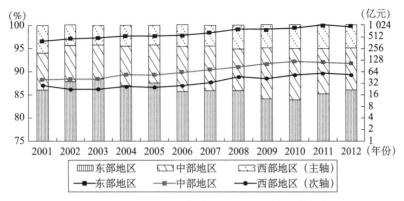

图 3 - 5　2001 ~ 2012 年中国利用 FDI 的区域分布

资料来源：商务部外资统计数据和商务部 2001 ~ 2012 年的《中国外商投资报告》。

3.2　中国碳排放强度的现状分析

以煤炭和石油为主导的化石能源消费在推动我国经济增长的同时，也带来了大量的二氧化碳排放，使我国连续 8 年成为全球第一大二氧化碳排放国。二氧化碳排放量的激增使中国面临着巨大的国际减排压力，在此背景下，中国在《国家应对气候变化规划（2014 ~ 2020）》中提出，到 2020 年要实现碳排放强度比 2005 年下降 40% ~ 45%，非化石能源消费占一次能源消费比重要达到 15% 左右的约束性目标。虽然在 2013 年就已经实现了《十二五规划》中要求的碳排放强度比 2005 年下降 17% 的目标。然而，如何在未来 15 年实现碳排放强度再下降 13% ~ 18%，仍然是我国未来发展中需要解决的重要议题。本小结将对我国目前的经济发展、二氧化碳排放和碳排放强度的现状及未来趋势作简要分析，以期为后面实证分析提供一个直观的描述。

3.2.1　经济发展现状分析

从第一个五年计划（1953 ~ 1957）开始，到"十二五"计划（2011 ~ 2015），中国从一个 GDP 总量只有 679 亿元人民币的穷国，发展到 2013 年经济总量达到 56.88 万亿元人民币，一跃成为世界第二大经济体，创造了经济增长的奇迹，经济增长速度也从 1953 ~ 1978 年的年均 6.7%，提高到 1979 ~ 2013 年的年均 9.89%，人均收入增长率也从 4.5% 增长到 8.6%，人均收入从 1953 年的

142 元增长到 2013 年的 4. 19 万元，具体如图 3 - 6 所示。从产业结构来看，三大产业增加值占国民经济比重发生了较大变化，具体来说，第一产业增加值占 GDP 的比重从 1978 年的 28. 2% 下降到 2013 年的 10. 02% ，第二产业增加值占 GDP 的比重从 1978 年的 47. 9% 下降到 2013 年的 43. 89% ，而第三产业增加值占 GDP 的比重则从 1978 年的 23. 9% 上升到 2013 年的 46. 09% ，这说明中国的经济仍处于工业化发展阶段，但经济结构正逐渐趋于合理，如图 3 - 7 所示。

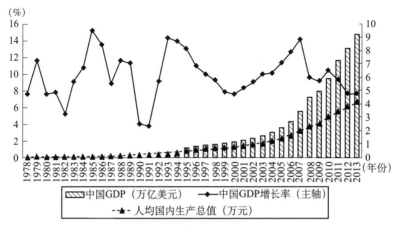

图 3 - 6　改革开放以来中国经济发展现状及趋势

资料来源：1978 ~ 2013 年《中国统计年鉴》及中经网数据库。

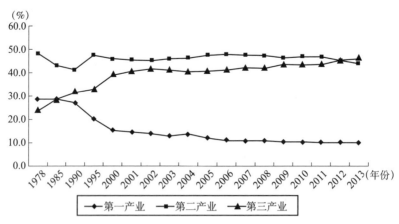

图 3 - 7　改革开放以来中国三次产业的演变趋势

资料来源：1978 ~ 2013 年《中国统计年鉴》及中经网数据库。

3. 2. 2　能源消费现状分析

中国是一个能源总量相对丰裕、人均能源储量较低的国家。伴随着工业化和城镇化的加速推进，能源消费总量也急剧扩大。从图 3 - 8 看，改革开放以来，我国能源消耗总量呈持续扩大之势，从 1978 年的 5.71 亿吨标准煤增长到 1991 年的 10.04 亿吨标准煤，进而增加到 2013 年的 37.51 亿吨标准煤，除少量年份（1997 年、1998 年）负增长外，年均增幅高达 5.31%；与此同时，人均能源消费量从 1978 年的 0.59 吨标准煤增加到 1991 年的 0.89 吨标准煤，并持续增加到 2013 年的 2.77 吨标准煤，除少量年份（1997 年、1998 年）负增长外，年均增幅高达 4.34%。随着管理水平的上升、生产技术的进步以及国家对能源环境的关注，我国能源消费强度自 1978 年开始呈逐渐下降趋势，若以 1978 年为基期，我国能源消费强度从 1978 年的每万元 GDP15.68 吨标准煤下降到 2012 年的 4.09 吨标准煤，并呈进一步下降之势。从能源消费结构上看，如图 3 - 9 所示，以煤炭为主的能源消费结构依然没有改变，1978 ~ 2013 年，我国煤炭消费量占能源消费总量的均值为 70.1%，近年虽有小幅下降，但到 2013 年我国煤炭消费量仍然占到能源消费总量的 66.6%，远高于同期世界平均水平的 30.4%。[①] 石油消费占比小幅下降，从 1978 年的 22.7% 下降到 2013 年的 18.7%，而清洁能源的利用比例却在逐渐上升，从 1978 年的 3.4% 上升到 2013 年的 9.7%。由此可见，我国仍是一个以煤炭等化石能源消费为主的国家，2012 年，我国化石能源消费占能源消费总量的 85.4%，过高的化石能源消费比例不仅威胁到我国的能源安全问题，而且还导致了我国二氧化碳排放量的剧增。

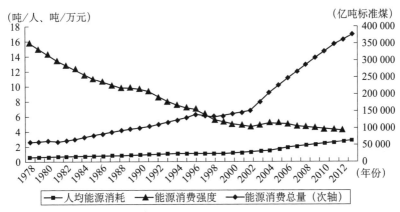

图 3 - 8　1978 ~ 2012 年中国能源消费总量、人均能源消费及能源消费强度

资料来源：1978 ~ 2012 年《中国统计年鉴》及中经网数据库。

---

① 　数据来源于 2014 年《BP 能源统计年鉴》。

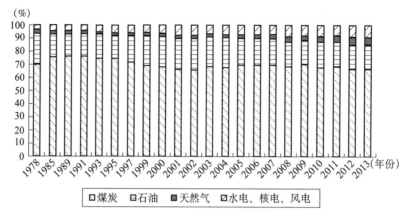

图 3 - 9　1978 ~ 2013 年中国一次能源消费结构

资料来源：1978 ~ 2013 年《中国统计年鉴》及中经网数据库。

3.2.3　碳排放的现状分析

据 IPCC（2007）统计数据显示，二氧化碳排放占全球温室气体排放的 76.7%，其中，74.79% 的二氧化碳排放是由化石燃料燃烧产生[①]，在我国 2013 年的一次能源消费中，化石能源所占比例高达 91%，成为导致我国二氧化碳排放量剧增的原因之一。

从二氧化碳排放历史累计的角度看，中国二氧化碳排放的累积量要远小于欧美国家。根据 IPCC（2007）统计数据显示，从工业革命的 1750 年前后到 1950 年的 200 年间，在全球化石燃料燃烧排放的二氧化碳中，发达国家贡献了 95% 左右，1950 ~ 2000 年的半个世纪中，发达国家累计二氧化碳排放量占到全球累计排放量的 77%，而同期，中国的累计二氧化碳排放量只占到全球累计排放量的 9.33%。挪威、瑞士等 6 国的 11 个科学家利用美国能源部二氧化碳信息分析中心（Carbon Dioxide Information Analysis Center，CDIAC）提供的基础数据分析发现，1870 ~ 2013 年，中国的二氧化碳累计排放量为 1 610 亿吨，不及欧盟 3 280 亿吨和美国 3 700 亿吨的一半。从累计占比看，1870 ~ 2013 年，全球累计二氧化碳排放量达 14 300 亿吨，而我国的累计二氧化碳排放量仅占 11.26%，同期，欧盟累计排放量占 22.94%，美国累计排放量占 25.87%。

---

①　IPCC 第四次评估报告（综合报告），http：//www.ipcc.ch/publications_ and_ data/ar4/syr/zh/contents.html.

从二氧化碳排放总量来看，如图 3 - 10 所示，至 2006 年开始，中国二氧化碳排放总量超过美国，成为全球二氧化碳排放最多的国家。根据国际能源署（IEA）统计数据，2012 年，全球二氧化碳排放量高达 82.05 亿吨，与 1990 年相比，2012 年的全球二氧化碳排放量增加了 51.3%，然而，中国 2012 年的二氧化碳排放量较 1990 年增加了 266.5%，同期，欧盟的二氧化碳排放量较 1990 年下降了 13.8%，俄罗斯的二氧化碳排放量较 1990 年下降了 23.9%。据图 3 - 11 统计显示，从 1990 年开始，中国二氧化碳排放总量占全球碳排放总量的份额一直呈上升趋势，截止到 2012 年，中国二氧化碳排放量占到全球排放总量的 25.86%，远超于美国的 15.99% 和欧盟的 11.04%，同时，也超过日本、俄罗斯和印度三国的排放总和。

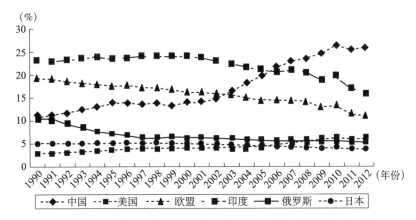

图 3 - 10　1990 ~ 2012 年中、美、印、俄、日及欧盟碳排放份额

资料来源：IEA 统计数据，作者计算。

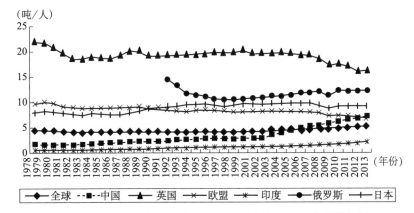

图 3 - 11　全球及主要国家 1978 ~ 2013 年人均二氧化碳排放量

资料来源：IEA 统计数据，作者计算。

从人均二氧化碳排放来看，1978～2013 年，全球人均二氧化碳排放量基本维持在 4～5 吨。中国人均二氧化碳排放量可以分为两个阶段：第一阶段（1978～2000 年）人均二氧化碳排放量缓慢上升，到 2000 年仍低于世界平均水平的 4.07 吨/人，仅为同期美国人均排放量的 13.32%、欧盟的 33.62%、日本的 28.05% 和俄罗斯的 25.37%；第二阶段（2001 年至今）人均二氧化碳排放迅速增加，从 2001 年的 2.74 吨/人增加到 2013 年的 7.2 吨/人，年均增长率高达 12.52%，远高于印度的 2.01 吨/人，也首次超过了欧盟的 6.8 吨/人。

从能源消费二氧化碳排放的构成角度看，由于不同化石能源燃烧所排放的二氧化碳不同，因此，不同的能源消费比例所排放的二氧化碳总量不同。煤炭、石油和天然气三种能源的碳排放系数[①]分别为 0.735kg-c/kgce、0.548kg-c/kgce 和 0.427kg-c/kgce，从能源燃烧的碳排放系数来看，煤炭燃烧所带来的碳排放远高于石油和天然气。图 3－12 统计表明，我国煤炭消费在能源消费中占比年均 70.1%，而带来的二氧化碳排放量年均却占到我国二氧化碳排放总量的 83.13%，而石油和天然气消费对中国二氧化碳排放总量只贡献了 16.87%，这充分说明煤炭燃烧具有高碳性特征。

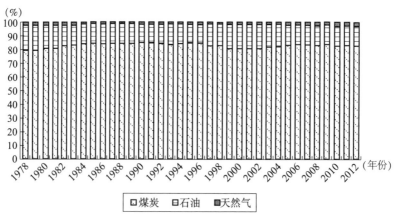

图 3－12　1978～2012 年中国能源消费碳排放构成

资料来源：1978～2012 年《中国统计年鉴》及中经网数据库。

3.2.4　碳排放强度现状分析

碳排放强度是指单位国内生产总值所带来的碳排放量。从定义可知，碳排放

---

① 该处的碳排放系数是作者根据美国能源部 DOE/EIA、日本能源经济研究所和国家发改委能源研究所提供的三种碳排放系数的加总平均，而不是二氧化碳排放系数，二氧化碳排放系数 = 碳排放系数 ×44/22。

强度与碳排放不同，碳排放强度是相对指标，而碳排放是总量意义上的绝对指标，若以碳排放强度作为减排指标可以称为相对碳减排，而以碳排放总量作为减排指标则可称为绝对碳减排。美国继 2001 年退出《京都议定书》之后，在 2002 年提出以百万美元国内生产总值的温室气体排放量来衡量减排目标的相对减排方案替代《京都议定书》中所规定的总量绝对减排方案。尽管《京都议定书》并没有为发展中国家设定约束性的减排指标，但中国作为发展速度最快、经济总量最大、二氧化碳排放最多的发展中国家，在国际温室气体减排方面，因为没有具体的减排指标而一直受到西方发达国家的指责，为此，2009 年 9 月 22 日，国家主席胡锦涛在联合国气候变化峰会上提出了符合中国国情的相对减排指标，即降低碳排放强度。

由于我国正处于城镇化和工业化的加速发展阶段，发展经济仍是重中之重，因此，我国的二氧化碳减排应在保证经济增长的基础上进行，以实现经济发展与二氧化碳减排的双赢。然而，为保持经济增长，能源消耗不可避免地持续增加，碳排放总量也在不断增加，若以碳排放总量的绝对减排作为减排指标则有可能会影响到经济发展，而以碳排放强度减排作为减排指标的相对减排，不仅可以在经济发展的基础上实现二氧化碳的相对减排，而且还可以很好地体现出《联合国气候变化框架公约》（United Nations Framework Convention on Climate Change）所规定的共同但有区别责任的减排原则。

目前，就中国碳排放强度的整体特征而言，如图 3 - 13 所示，我国碳排放强度除在少数年份（2000 年、2003 年和 2004 年）小幅上升外，整体呈持续下降趋势，以 2005 年为基期，1978 年碳排放强度为 7.63 千克/美元，到 2012 年碳排放强度下降到 1.81 千克/美元，降幅达 76.28%，1978 ~ 2012 年，年均降幅达 4.07%。而同时期，中国利用 FDI 却在增加，这似乎说明碳排放强度的下降与实际利用 FDI 的增多存在某种相关关系。从横向比较来看，如图 3 - 14 所示，2012 年的碳排放强度是全球平均碳排放强度的 3.12 倍，美国碳排放强度为 5.09 倍，欧盟碳排放强度为 7.57 倍，日本碳排放强度为 7 倍，俄罗斯碳排放强度为 1.07 倍，同时也是印度碳排放强度为 1.3 倍。就相对减排而言，近年来，尽管我国在碳排放强度调控方面取得了不错的成绩，与 2005 年相比，我国碳排放强度已经下降 24.2%，但要在 2020 年实现碳排放强度与 2005 年相比下降 40% ~ 45% 的目标，仍面临着不小的挑战。

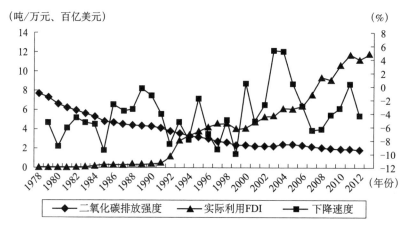

图 3 – 13　中国碳排放强度、下降幅度及 FDI 规模

资料来源：中经网数据库及 IEA 统计数据。

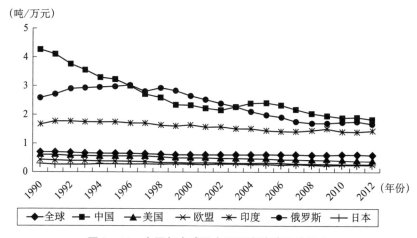

图 3 – 14　中国与全球及主要国家的碳排放强度

资料来源：IEA 统计数据，作者计算。

从碳排放强度的区域分布看，如图 3 – 15 所示[①]，我国三大区域的碳排放强度从整体上来说都在下降，东部地区碳排放强度均值从 1997 年的 3.57 吨/万元下降到 2012 年的 1.93 吨/万元，降幅达 46%；中部地区碳排放强度均值从 1997 年的 6.75 吨/万元下降到 2012 年的 3.41 吨/万元，降幅为 49.5%，是三大区域降幅最大的地区；西部地区降幅只有 23.2%，1997 年的碳排放强度为 7 吨/万元，2012 年的碳排放强度为 5.37 吨/万元，是中部地区的 1.03 倍、东部地区的

---

① 区域碳排放强度数据为作者自己计算而来，第 4 章将会详细介绍计算公式。

1.96 倍。因此，如何降低西部地区碳排放强度是我国实现碳减排的关键。

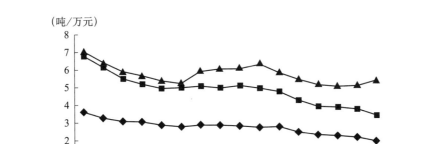

图 3 - 15　中国东部、中部、西部三大区域碳排放强度

资料来源：中经网数据库，作者计算。

3.3　本章小结

　　本章从 FDI 的发展历程、演变趋势、来源结构、产业分布和区域分布等方面详细分析了中国利用 FDI 的现状及未来演进趋势。从全国整体层面看，实际利用 FDI 呈现强劲的持续增长势头，而且逐步从注重吸引资金转向注重引进技术、从关注规模转向关注结构、从注重数量转向注重质量的战略转变。从 FDI 的来源地看，港澳台地区仍然是中国大陆（内地）利用 FDI 的最大来源地；从不同产业利用 FDI 的现状看，三次产业间利用 FDI 的格局逐渐趋于合理，但 FDI 在产业内的分布进一步集中；从三大区域 FDI 利用情况来看，尽管 80% 以上的 FDI 集中于东部地区，但近年来中、西部地区的 FDI 利用额正在逐渐增加。

　　就中国经济发展现状而言，经济增长速度和人均收入水平都显著提高，并已经成为全球第二大经济体，且产业结构也正日趋合理。从能源消费情况来看，以煤炭为主的能源消费结构依然没有改变，1978 ~ 2013 年，煤炭消费量占能源消费总量的均值为 70.1%，远高于同期世界平均水平。从碳排放情况来看，二氧化碳排放总量连续八年居世界第一，人均二氧化碳排放也急剧上升。就碳排放强度而言，尽管在整体层面碳排放强度一直呈现下降趋势，但离 2020 年的碳减排目标仍有较大差距。从不同区域来看，东部地区碳排放强度远低于中部和西部地区碳排放强度。

中国实际利用 FDI 与碳排放强度的现状及演进趋势分析表明，FDI 似乎与二氧化碳排放呈正相关关系，而与碳排放强度则呈负相关关系。但是，仅通过 FDI 与碳排放强度的历史数据进行比较分析来断定二者之间的关系显得不够严谨，缺乏科学性和可信度。因此，本书在第 4 章将利用计量经济学模型，以更加客观的视角对 FDI 与碳排放强度之间的关系进行实证分析。

第4章

FDI 对中国碳排放强度
影响的整体分析

根据前面章节的文献回顾和理论分析，目前，关于 FDI 对东道国二氧化碳排放影响的研究主要集中在对"污染避难所"假说的验证。尽管从现状分析上看，二者之间似乎存在着某种关系，但针对 FDI 对中国碳排放强度的影响缺乏深入的理论分析和实证研究。鉴于此，本章利用中国 1997～2012 年 30 个省（市、区）的面板数据，在中国整体层面上就 FDI 对碳排放强度影响及其传导渠道进行分析。

4.1 基于中国整体层面的实证考察

4.1.1 计量模型设定

FDI 对碳排放强度影响效应实证检验模型的构建，其本质就是根据影响碳排放强度的关键因素以及 FDI 对碳排放强度影响的传导机制来选择相关控制变量并加以组合的过程。本节的模型设定如下：

$$CI_{it} = \alpha_0 + \alpha_1 FDI_{it} + \alpha_2 Z_{it} + \varepsilon_{it} \qquad (4-1)$$

其中，CI 为碳排放强度；FDI 为外商直接投资；Z 为将要引入模型的所有控制变量向量集，主要包含对碳排放强度具有直接影响的关键因素；i 表示截面单位（省份），t 表示时间序列（年份）；$\alpha_0 \sim \alpha_2$ 为待估参数；ε 为随机干扰项。

在式（4-1）中，FDI 系数 α_1 为 FDI 对碳排放强度影响的总体效应。如果 α_1 显著不为零，则 FDI 对碳排放强度影响的总体效应可以根据系数 α_1 的正负及大小作出判断：（1）如果系数 $\alpha_1 < 0$，则可以认为 FDI 与碳排放强度存在负相关关系，即 FDI 的增加可以有效降低碳排放强度；（2）如果系数 $\alpha_1 > 0$，则可以认为 FDI 与碳排放强度存在正相关关系，即 FDI 的增加提高了碳排放强度。

式（4-1）实际隐含了这样一个假设，即碳排放强度会随影响因素的变化而瞬间调整，不存在时滞。但现实情况是包括碳排放强度在内的环境变量通常都具有较强的路径依赖效应，即前期情况对当期结果可能存在不可忽视的影响。因此，对碳排放强度滞后效应的考察具有重要意义，本节在式（4-1）中引入上期碳排放强度作为本期碳排放强度解释变量，以考察上期碳排放强度对当期碳排放强度的影响，即滞后效应的大小。

$$CI_{it} = \beta_0 + \lambda CI_{it-1} + \beta_1 FDI_{it} + \beta_2 Z_{it} + \varepsilon_{it} \qquad (4-2)$$

其中，λ 表示碳排放强度滞后效应大小，反映前期碳排放强度对当期碳排放强度的影响；式（4-2）中所包含的其余变量意义与式（4-1）相同。与式（4-1）相比，式（4-2）中包含碳排放强度的动态调整过程，是动态面板数据模型。

4.1.2 变量选取与数据描述

4.1.2.1 关键变量的选择与度量

（1）碳排放强度（CI）。

碳排放强度即单位国民生产总值的二氧化碳排放量。若计算碳排放强度，就必须先计算出二氧化碳排放量。目前，二氧化碳排放主要源于化石能源燃烧，关于化石能源燃烧产生二氧化碳的计算，本书采用 IPCC/OECD 推荐的方法[1]，即根据消耗的能源数量以及能耗排放系数来估算二氧化碳排放量，本书以煤炭、焦炭、原油、汽油、煤油、柴油、燃料油和天然气八种能源消费量为基础数据[2]，计算我国各省（市、区）二氧化碳排放量。其计算公式为：

$$CO_2 = \sum_{i=1}^{8} CO_{2,i} = \sum_{i=1}^{8} E_i \times NCV_i \times CEF_i \times COF_i \times (44/12) \qquad (4-3)$$

其中，CO_2 表示估算的二氧化碳排放量；$i = 1, 2, 3, \cdots, 8$ 表示化石燃料；

---

[1]　该计算方法具体见，联合国气候变化专门委员会（IPCC，2006）在《国家温室气体排放清单》第二卷第六章。

[2]《中国能源统计年鉴》将能源消费种类划分为 9 类（煤炭、焦炭、原油、汽油、煤油、柴油、燃料油、天然气和电力）。由于在部门终端能源消费中，电力消费并不直接产生二氧化碳，属于二次能源，为避免二氧化碳排放的重复估算问题，本书没有把电力归入能源分解种类。与鲁万波、仇婷婷和杜磊（2013）计算纳入的能源种类一致。

E 表示一次能源消费量；NCV 为能源的平均低位发热量；CEF 为碳排放系数；COF 为能源的氧化系数。煤炭、焦炭、原油、汽油、煤油、柴油、燃料油和天然气的平均低位发热量分别为 20908 KJ/KG、28435 KJ/KG、41816 KJ/KG、43070 KJ/KG、43070 KJ/KG、42652 KJ/KG、41816 KJ/KG 和 38931 KJ/M；碳排放系数分别为 95343 KG/TJ、73300 KG/TJ 和 51600 KG/TJ；碳氧化系数分别为 0.94、0.93、0.98、0.98、0.98、0.98、0.98 和 0.99，其中，能源的平均低位发热量和氧化系数数据来源于《中国能源统计年鉴》，碳排放系数数据来源于 IPCC（2006）；44 和 12 分别为二氧化碳和碳的分子量。在计算碳排放强度时，为消除经济波动、保证数据的可比性，本书以 1997 年为基期平减得到的实际 GDP。

（2）外商直接投资（FDI）。

现有研究主要采用两类指标表征外商直接投资。一是存量指标，用 FDI 存量的变动来衡量 FDI 规模的变化，如珀金斯和诺伊迈尔（Perkins and Neumayer，2009）等。二是流量指标，用 FDI 进入度作为相对规模指标反映 FDI 规模的变动，如赫夫曼等（Hoffmann et al.，2005）等。由于我国并未公布存量指标，存量指标的选取往往会因研究目的而异，既有采取永续盘存法计算的，如罗军和陈建国（2014）等，也有采用三资企业固定资产净值来表示的，如何洁（2012）、潘文卿（2003）等。永续盘存法计算 FDI 存量存在基期存量难以确定的问题，而"三资"企业公布的数据仅指工业企业，采用工业企业数据来表征 FDI 总体存量，难免有失偏颇。因此，本节采用流量指标，以 FDI 进入度来衡量 FDI 规模的相对变动。FDI 进入度用各省（市、区）实际利用 FDI 与其 GDP 的比值表示。实际利用 FDI 用当年人民币对美元的汇率将以美元为单位的实际利用 FDI 转换成以人民币为单位的实际利用 FDI，同时，为消除经济波动及保证数据的可比性，将其转化为 1997 年的不变价格后再与各省（市、区）以 1997 年为基期的实际GDP 相比。

4.1.2.2　控制变量的选择与度量

（1）人均收入水平（PG）。

人均收入水平采用人均国内生产总值（人均 GDP）表征，在模型中作为衡量经济发展水平的指标。衡量经济发展水平的指标有表示总量指标的国内生产总值（GDP）和均值指标的人均国内生产总值（PGDP）两种，本书采用均值指标。原因有两点：第一，在中国具体国情和人口政策影响下，人口总量在一定时期内的变化可以忽略不计，在经济总量的扩大过程中，人均 GDP 必然随着经济规模扩大而提高，因此，人均 GDP 的变动在一定程度上可以衡量总体经济发展水平的变动；第二，相对于总量指标而言，人均 GDP 能更好地体现经济发展阶段和不同经济发展阶段的能源消费特征。随着人均 GDP 的提高，能源消费强度表现出倒"U"型的曲线特征（孙浦阳等，2011）。为消除经济波动影响、保证数据可比性，本书的人均 GDP 指标是以 1997 年为基期，通过 GDP 指数平减得到的实际人均 GDP。

（2）环境规制强度（ER）。

目前，学术界对于环境规制的衡量主要从环境规制成本和环境规制收益两方面。基于成本的衡量指标，如美国减污运营成本占总成本的比例（Ederington and Minier，2003）等；基于收益的衡量指标如不同污染物的排放密度（Cole and Elliott，2003）、不同污染物的处理率（傅京燕等，2010），基于统计数据的可得性，本书选择二氧化硫去除率作为衡量环境规制强度的代理变量，由于 2011 年、2012 年年鉴不再公布二氧化硫去除量，本书采用各省（市、区）二氧化硫去除量的五年平均增长率估算出 2011 年和 2012 年数据。

（3）产业结构（IS）。

不同产业的能源消费、二氧化碳排放及碳排放强度均存在较大差异，相比第三产业，第二产业是中国二氧化碳排放的主要来源。本书以第二产业增加值占国民生产总值的比重作为产业结构的代理变量。

（4）能源消费强度（EI）。

能源强度采用能源消费总量与 GDP 的比值进行度量，即单位 GDP 的能源消耗量（吨标准煤/万元）。安格（Ang，1999）认为，能源消费强度是影响碳排放的一个最直接因素。本书将各省（市、区）的原煤、石油、天然气等能源消费量按照各自的标准煤折算系数折算为标准煤，为保证数据的一致性和可比性，本书使用国家统计局公布的标准煤折算系数，并以 1997 年为基期对 GDP 进行调整。

（5）能源消费结构（ES）。

各种能源的碳排放系数表明，不同类型能源燃烧排放的二氧化碳具有明显差异，这种差异会对碳排放强度的变化产生显著的影响，因此，能源消费结构为影响碳排放强度的一个重要因素。本书参考林伯强和蒋竺（2009）的做法，用煤炭消费量占能源消费总量的比例表征能源消费结构。在中国目前的能源消费结构中，煤炭消费比例达到约 70%，而各种能源消费中煤炭燃烧所排放的二氧化碳最多，因此，在能源消费总量中，煤炭消费占比是影响中国碳排放强度的重要因素。

（6）研发投入强度（RD）。

研发经费内部支出是技术创新的主要源泉之一，而技术创新可以通过提高生产率和能源利用效率对碳排放强度产生显著的影响（张兵等，2014）。本书采用研究与发展经费内部支出占 GDP 的比重来度量研发投入强度，为保证数据的连续性和可比性，研发经费内部支出数据和 GDP 数据均以 1997 年为基期进行调整。

（7）城镇化（URB）。

目前，中国正处于工业化和城镇化加速发展阶段，城镇化的快速推进对二氧化碳排放产生的影响主要表现在：一方面，大量住宅及基础设施建设中消耗的能源密集型原材料，如水泥等；另一方面，城镇交通运输业的能源消耗也在不断增加，如迅速增长的私家车等。因此，本书将城镇化作为影响碳排放强度的重要控制变量引入模型。关于城镇化的测度，为不失一般性，本书采用大多数学者的通用方法，即采用非农业人口占总人口的比重来度量。

（8）人力资本水平（HC）。

根据不同视角，人力资本的度量方式有很多，如人均受教育年限、教育经费支出占本地财政支出比重，高校人数占本地人口比重等。本书按照巴罗和李（Barro and Lee，1993）的方法，使用人均受教育年限来衡量各省（市、区）的人力资本水平，即将小学、中学、高中和大专以上受教育年限设定为 6 年、9年、12 年和 16 年，用各层次人数占总人口比重乘以设定好的年限，得出各省（市、区）的人力资本水平。

（9）金融发展水平（FD）。

弗兰克尔和罗斯（Frankel and Rose，2002）认为，在经济快速增长的背景下，金融发展水平提高可以促进现代环境技术发展，发达的金融部门可以通过降低借贷成本提高能源效率部门的投资水平，同时，发达的金融市场也有利于环境友好型项目的融资。目前，对金融发展水平的衡量方法有很多，本书使用非国有企业贷款占 GDP 的比重来衡量中国的金融发展水平。由于统计年鉴中并没有公布国有、非国有企业贷款余额，本书采用张军和金煜（2005）的处理方法，以国有企业固定资产投资占全社会固定资产投资的比重近似作为国有企业贷款总额占 GDP 的比重，故非国有企业贷款总额占 GDP 的比重可以表示为：（1 - 国有企业贷款余额占 GDP 比重）×总贷款余额。

本节中所有变量的数据均来源于历年《中国统计年鉴》《中国金融统计年

鉴》《中国环境统计年鉴》《中国能源统计年鉴》《中国科技统计年鉴》《新中国六十年资料汇编》和中经网数据库。

变量的定义、度量方式及预期符号如表4-1所示，加入控制变量后的最终回归模型为：

$$CI_{it} = \alpha_0 + \alpha_1 CI_{it-1} + \alpha_2 FDI_{it} + \alpha_3 PG_{it} + \alpha_4 ER_{it} + \alpha_5 IS_{it} + \alpha_6 EI_{it} +$$
$$\alpha_7 ES_{it} + \alpha_8 RD_{it} + \alpha_9 FD_{it} + \alpha_{10} HC_{it} + \alpha_{11} URB_{it} + \varepsilon_{it} \qquad (4-4)$$

表4-1 　　　　　　　　　　变量定义及预期符号

变量类别	符号	变量定义	度量指标	单位	预期符号
关注变量	CI	碳排放强度	二氧化碳排放总量/GDP	吨/万元	——
	FDI	外商直接投资	实际利用FDI/GDP	%	——
控制变量	PG	人均收入水平	GDP/年末总人数	万元	——
	ER	环境规制强度	二氧化硫去除率	%	——
	IS	产业结构	第二产业产值/GDP	%	+
	EI	能源强度	能源消费总量/GDP	吨/万元	+
	ES	能源消费结构	煤炭消费量/能源消费总量	%	+
	RD	研发投入强度	研发经费内部支出/GDP	%	——
	FD	金融发展水平	非国有企业贷款余额/GDP	%	——
	HC	人力资本水平	人均受教育年限	年	——
	URB	城镇化水平	非农业人口/总人口	%	——

本书选取中国30个省（市、区）为截面单位[①]，采用统计口径较为一致的1997~2012年为研究时间跨度的面板数据为样本。表4-2给出了各变量的描述性统计，1997~2012年，中国碳排放强度平均值为4.382吨二氧化碳/万元，最大值达到18.23吨二氧化碳/万元，最小值只有0.68吨二氧化碳/万元，标准差为3.086。在样本期内，实际利用FDI占GDP比重的平均值为0.029，最大值为0.165，最小值接近于0，标准差为0.028。从碳排放强度和FDI变量的标准差、最大值和最小值可知，不同省（市、区）的碳排放强度和实际利用FDI的差异较大，这说明目前中国二氧化碳排放和经济增长也存在地域上的非均衡性。同时，各变量的方差膨胀因子均小于10，其中，方差膨胀因子最大的是城镇化水平（4.71），最小的是环境规制强度（1.40），各变量的方差膨胀因子显示，本

---

① 西藏自治区由于数据缺失较多，且利用外商直接投资较少，故不在本书研究范围。

章所选的变量之间不存在多重共线性。①

表 4 - 2 　　　　　　　　　　总体样本基本统计量描述

变量	样本数	平均值	标准差	中位数	最小值	最大值	方差膨胀因子
CI	480	4.382	3.086	3.455	0.680	18.230	—
FDI	480	2.863	2.773	1.860	0.003	16.462	1.62
PG	480	1.726	1.609	1.189	0.225	11.282	3.28
ER	480	37.001	23.452	35.131	0.213	88.965	1.40
ES	480	65.308	18.578	64.500	23.000	100.000	2.30
IS	480	45.821	7.903	39.145	19.874	60.197	3.49
EI	480	1.796	0.963	1.480	0.610	5.300	1.92
RD	480	1.033	0.972	0.765	0.061	5.947	3.61
FD	480	0.587	0.232	0.547	0.127	1.597	2.76
HC	480	8.548	1.250	8.520	4.740	13.310	4.31
URB	480	35.253	16.761	30.395	14.040	92.180	4.71

4.1.3　内生性问题与系统矩估计

在 FDI、经济增长与二氧化碳排放之间关系的实证研究中，内生性问题是一个无法回避的问题，如果模型中存在内生性问题则会导致模型的估计结果出现偏误，从而无法反映出变量之间的真实关系。所谓内生性问题是指模型中一个或多个解释变量与随机干扰项之间存在相关关系或一个或多个解释变量与被解释变量之间存在双向因果关系。一般情况下，内生性问题主要来源于遗漏变量、因果联立、样本选择偏误和测量误差四个方面。其中，遗漏变量偏误是指，在选择模型的解释变量时遗漏了某些能够对被解释变量产生重要影响的变量，若遗漏变量与被解释变量不相关，则遗漏变量不对模型的一致性产生影响，但会影响模型的有效性；若遗漏变量与解释变量相关，遗漏变量对被解释变量的影响会表现在随机误差项中，从而造成随机误差项与被解释变量相关，即模型存在内生性问题，此时，普通最小二乘法的估计结果有偏且不一致。因果联立偏误是指，解释变量与被解释变量之间存在双向因果关系。在本书的研究中，经济规模扩大与二氧化碳排放之间就可能存在双向因果关系，即现阶段经济规模的扩大会导致二氧化碳排放量的增多，而二氧化碳排放量增多说明能源消费增加，能源作为生产系统中的

---

① 方差膨胀因子小于 10，则可以认为变量之间不存在多重共线性；如果方差膨胀因子大于 10，则认为变量之间存在多重共线性，且方差膨胀因子越大，表明变量之间的共线性越严重。

投入要素，其消费量的增加会在一定程度上促进经济增长。在这种情况下，模型就产生了因果联立偏误。样本选择偏误是指，如果模型的样本数据选择过程出现问题或所选的研究样本不具有代表性，就可能造成解释变量与误差项相关。此外，样本中的异常值也可能导致样本的选择偏误。如果忽略样本中的异常值，同样会造成内生性问题，进而导致普通最小二乘法的估计结果有偏且不一致。测量误差主要表现在两个方面：第一，模型中表征变量的统计数据往往会由于统计口径和数据质量的差异而导致变量的测量出现误差；第二，一些潜变量存在难以量化的问题而不得不寻找代理变量，而代理变量的选择又会因为研究者不同的知识背景、选择偏好和研究内容等因素而不同，这些代理变量往往不能完全、恰好地反映出真实变量，引入模型后会造成模型的内生性问题。如在实证研究中用人均 GDP 替代劳动者的人均 GDP 会导致测量误差（Heston and Summers，1996）。测量误差不仅会来源于解释变量，还可能来源于被解释变量。与遗漏变量类似，测量误差如果与解释变量无关，则只会影响模型中随机干扰项方差的大小，而如果与解释变量相关，则会影响普通最小二乘法估计的一致性与有效性。

综上所述，内生性问题主要来源于遗漏变量、因果联立、样本选择偏误和测量误差，工具变量估计方法的出现为解决实证研究中出现的内生性问题提供了思路。基于工具变量的建模策略，常用的估计方法有工具变量估计、两阶段最小二乘估计（2SLS）和广义矩估计（GMM），工具变量估计和两阶段最小二乘估计从原理上来说只是广义矩估计的特殊形式，即广义矩估计更具有一般性和普适性（张卫东，2010）。

广义矩估计方法（GMM）是基于模型实际参数满足一定矩条件而形成的一种参数估计方法，最早由汉森（Hansen）教授在 1982 年正式提出，后经张伯伦（Chamberlain，1982）、古里罗克斯和蒙福特（Gourieroux and Monfort，1995）将 GMM 方法分别扩展到面板数据模型和动态模型的估计中。当一些前提假设无法满足时，传统的计量经济学估计方法（普通最小二乘法、广义最小二乘法、极大似然估计法）不再有效，而广义矩估计方法在随机误差项的准确分布未知、且存在异方差和序列相关的情况下，仍可以得到有效且一致的估计量。针对动态面板数据模型，阿雷拉诺和邦德（Arellano and Bond，1991）提出差分广义矩估计方法（差分 GMM），即通过差分用解释变量的滞后项作为差分变量的工具变量去解决动态面板数据模型中可能存在的内生性问题。动态差分模型可以很好地解决模型中可能存在的遗漏变量问题，且差分后可以消除个体非观测效应和不随时间发生改变的变量，如消费习惯、当地风俗等。格里里奇和豪斯曼（Griliches and Hausman，1986）指出，对变量进行一阶差分相当于使用该变量的增长率进行回归，从而可以减少或避免模型中可能存在的内生性问题。然而，差分 GMM 估计方法在差分过程中会丢失一部分样本信息，同时还容易产生弱工具变量问题。为克服差分 GMM 的不足，阿雷拉诺和博韦尔（Arellano and Bover，1995）、布伦德尔和邦德（Blundell and Bond，1998）提出系统矩估计方法（系统 GMM），系统矩估计方法不仅利用差分方程中解释变量的水平值作为差分变量的工具变量，还同时采用了差分变量的滞后项作为水平方程的工具变量，即系统 GMM 增加了额外的矩条件，利用了更多的工具变量。因此，系统 GMM 能有效缓解差分 GMM 可能出现的弱工具变量和有限样本问题，同时，布伦德尔和邦德（Blundell and Bond，1998）还发现系统 GMM 方法估计的有效性和一致性均优于差分 GMM，尤其是在被解释变量一阶滞后系数较大和时期 T 较短的情况下[①]，系统 GMM 的优势更加明显。邦德等（Bond et al.，2001）研究发现，在采用系统 GMM 方法进行模型估计时，即使存在测量误差，工具变量的使用也会得到一致的估计量。因此，本章采用能有效解决解释变量内生性问题的系统 GMM 估计方法对式(4-4)进行估计。

4.1.4 实证结果分析

根据上述分析，为解决模型中可能存在内生性问题，在采用系统 GMM 方法对模型进行估计时，首先要对所选工具变量的有效性进行检验，如果工具变量无效则可能导致估计方差过大或估计结果有偏。阿雷拉诺和邦德（Arellano and Bond，1991）指出，在实证分析中确保工具变量的设置合理，需进行以下两方面检验：第一，要进行干扰项序列相关性检验。一阶差分估计量要求原始模型的干扰项不存在序列相关，而差分后的干扰项显然存在一阶序列相关，因此，需要对差分方程的残差进行二阶或更高阶的序列相关性检验。如果差分方程的残差不存在二阶或更高阶序列相关，则认为原始模型干扰项不存在序列相关，也就是说，工具变量的选择是合理的；第二，为保证所选工具变量的合理，还需对工具变量的过度识别进行检验。式（4-4）的回归分析结果如表4-3所示，从表中可知，

---

① 在利用差分 GMM 方法进行估计时，被解释变量的一阶滞后项系数较大（大于0.8或接近1）或者个体效应的方差大于残差项的方差时，一阶差分 GMM 的有限样本特性较差且此时易产生弱工具变量问题，此时需增加额外的约束条件才能保证估计一致性和有效性。

模型（1）到模型（9）的参数联合显著性 Wald 卡方检验均在1%的水平上显著，说明这9组模型的设定在整体上是合理的。Sargan 检验显示，模型不存在过度识别检验；Arellano-Bond 检验结果显示，差分方程的残差不存在二阶序列相关，即模型的干扰项不存在序列相关。过度识别检验和干扰项序列相关检验结果都显示出各模型所设定的工具变量是合理的。同时，从估计系数来看，随着控制变量的依次加入，各变量系数并没有出现大幅变化，且显著性水平变化也不大。上述检验结果充分说明，本节所设定的模型不仅合理且较为稳健。

表4-3　　　　　　　　　　　式（4-4）的回归结果

解释变量	被解释变量：CI				
	模型（1）	模型（2）	模型（3）	模型（4）	模型（5）
I. CI	0.884 ***	0.877 ***	0.853 ***	0.776 ***	0.785 ***
	(82.673)	(73.342)	(54.718)	(49.253)	(51.348)
FDI	-0.414 *	-0.481 *	-0.391 **	-0.327 **	-0.335 **
	(-1.790)	(-1.990)	(-1.992)	(-1.981)	(-2.251)
PG	-0.023 ***	-0.024 ***	-0.021 ***	-0.027 ***	-0.026 ***
	(-12.413)	(-11.215)	(-10.035)	(-7.209)	(-5.356)
ER		-0.225 ***	-0.234 ***	-0.216 ***	-0.208 ***
		(-13.215)	(-11.113)	(-9.827)	(-8.326)
IS			0.287 ***	0.311 ***	0.239 ***
			(8.517)	(3.839)	(2.638)
ES				0.452 ***	0.464 ***
				(25.462)	(15.961)
RD					-0.001
					(-1.152)
常数项	0.183 ***	0.216 **	0.434 ***	0.162 **	0.119 **
	(9.878)	(2.413)	(2.656)	(2.661)	(2.191)
联合显著检验 Wald 检验值（P 值）	15 893.02	8 964.67	10 849.50	20 370.97	19 872.92
	(0.000)	(0.000)	(0.000)	(0.000)	(0.000)
Sargan 检验（P 值）	29.570	29.391	28.803	28.176	27.951
	(1.000)	(1.000)	(1.000)	(1.000)	(1.000)
AR（1）检验（P 值）	-2.571	-2.410	-2.340	-2.516	-2.491
	(0.010)	(0.015)	(0.018)	(0.012)	(0.013)
AR（2）检验（P 值）	-1.028	-1.044	-1.057	-1.038	-1.040
	(0.304)	(0.297)	(0.291)	(0.299)	(0.298)
估计方法	SYS-GMM	SYS-GMM	SYS-GMM	SYS-GMM	SYS-GMM
样本数	450	450	450	450	450

续表

解释变量	被解释变量：CI			
	模型（6）	模型（7）	模型（8）	模型（9）
L. CI	0.779 ***	0.811 ***	0.814 ***	0.588 ***
	(45.309)	(49.253)	(24.274)	(21.238)
FDI	-0.316 **	-0.307 *	-0.542 **	-0.213 **
	(-2.041)	(-1.819)	(-2.357)	(-2.041)
PG	-0.028 ***	-0.031 ***	-0.030 ***	-0.025 ***
	(-4.721)	(-6.948)	(-3.881)	(-4.571)
ER	-0.312 ***	-0.269 ***	-0.433 ***	-0.327 ***
	(-8.215)	(-7.741)	(-8.301)	(-7.432)
IS	0.386 ***	0.251 ***	0.322 *	0.302 *
	(2.570)	(2.243)	(1.699)	(1.901)
ES	0.461 **	0.435 ***	0.465 ***	0.534 ***
	(18.475)	(10.125)	(8.635)	(13.063)
RD	-0.001 *	-0.024	-0.007	-0.011 *
	(-1.837)	(-1.305)	(-1.334)	(-1.801)
FD	0.052 ***	0.050 ***	0.070 **	0.022 *
	(5.459)	(5.793)	(2.120)	(1.739)
HC		0.028 ***	0.036 ***	0.033 ***
		(7.038)	(6.123)	(7.289)
URB			-0.146 ***	-0.066 ***
			(-3.608)	(-2.602)
EI				0.203 ***
				(30.757)
常数项	0.033 **	0.151 **	-0.199 *	-0.281 **
	(2.298)	(2.096)	(-1.949)	(-2.396)
联合显著检验 Wald 检验值（P 值）	21 885.20	14 220.99	16 174.72	12 392.74
	(0.000)	(0.000)	(0.000)	(0.000)
Sargan 检验（P 值）	27.343	28.87	27.869	26.005
	(1.000)	(1.000)	(1.000)	(1.000)
AR（1）检验（P 值）	-2.210	-2.516	-2.586	-2.362
	(0.011)	(0.012)	(0.010)	(0.018)
AR（2）检验（P 值）	-1.019	-1.034	-1.024	-0.965
	(0.308)	(0.301)	(0.306)	(0.335)
估计方法	SYS-GMM	SYS-GMM	SYS-GMM	SYS-GMM
样本数	450	450	450	450

注：括号内为 t 值；***、**、* 分别表示在 1%、5% 和 10% 的水平上显著性。

在表 4 - 3 中，模型（1）为仅将外商直接投资（FDI）和人均收入水平（PG）这两个解释变量引入回归模型后进行的实证考察。结果显示，FDI 系数为 -0.414，且在 5% 水平上显著，说明 FDI 对中国碳排放强度具有显著的降低作用，即 FDI 每增加 1%，碳排放强度会下降 0.414%。人均收入系数为 -0.023，且在 1% 水平上显著，说明经济发展水平的提高能显著降低中国的碳排放强度，即人均 GDP 每增加 1%，碳排放强度会下降 0.023%。碳排放强度的滞后一期（L.CI）的估计系数为 0.884，并在 1% 水平上显著，说明碳排放强度具有很强的时间依赖性，本期碳排放强度水平明显受到上期碳排放强度的影响。

模型（2）在模型（1）的基础上加入环境规制强度变量（ER）。环境规制强度的高低一直是学者们研究"污染避难所"假说的重要解释变量，模型（2）的结果显示，环境规制强度的系数为 - 0.225，并在 1% 的水平上显著，也就是说，环境规制强度的提高可以有效降低中国的碳排放强度。此时，FDI 的系数为 - 0.481，并在 10% 水平上显著，这说明伴随着环境规制强度的提高，FDI 的进入对中国碳排放强度降低作用得到进一步加强。

模型（3）在模型（2）的基础上加入了以第二产业增加值占 GDP 比重表征的产业结构变量（IS）。产业结构的合理化是经济社会可持续发展的重要保证，也是低碳经济发展的有力支撑。模型（2）的结果显示，FDI 系数为 - 0.391，并且在 5% 水平上显著，表明 FDI 与碳排放强度之间的关系受到产业结构的显著影响。产业结构的系数为 0.287，并在 1% 水平上显著，这说明第二产业增加值比重的上升对中国碳排放强度的降低具有显著的阻碍作用，第二产业增加值 GDP 份额每增加 1%，碳排放强度就会上升 0.287%。在加入产业结构变量后，FDI 的系数的绝对值由 0.481 下降到 0.391。与第三产业相比，第二产业属于二氧化碳排放相对较高的产业，因此，由第二产业增加值占 GDP 比重增加引起的产业结构变化显著阻碍了 FDI 对中国碳排放强度的降低作用。

模型（4）在模型（3）基础上加入了以煤炭消费量占能源消费总量的比重来表征能源消费结构变量（ES）。由煤炭消费引致的二氧化碳排放占到中国碳排放总量的 80% 以上，因此，煤炭消费在能源消费总量中的比重对我国低碳经济发展具有重要影响。模型分析结果表明，能源消费结构变量的系数为 0.452，并在 1% 水平上显著性，说明煤炭消费量的增多，显著提升了中国碳排放强度，对中国碳减排具有一定阻碍作用，不利于低碳经济的发展。FDI 的系数为 - 0.327，虽在 5% 水平上显著，但绝对值有小幅下降。这说明煤炭消费占比的扩大会减弱 FDI 对碳排放强度的下降作用。

模型（5）中继续加入了研发投入强度（RD）。结果显示，研发投入强度的系数为 - 0.001，但在统计推断上并不显著，这说明研发投入的增多可在一定程度上降低碳排放强度，但这种效果并不显著。原因可能是，目前由研发投入而引致的技术创新，在提高能源利用效率和生产效率的同时，也促进了生产规模的扩大。也就说，技术创新不仅提高了单位能源消耗的产出，同时也导致了更多能源消耗和二氧化碳排放。此时，FDI 的系数为 - 0.335，并在 5% 水平上显著。

模型（6）中加入了表征金融发展水平的变量（RD）。估计结果显示，金融发展水平的系数为 0.052，并在 1% 水平上显著。即金融发展水平的提高，将会阻碍碳排放强度的降低，这一结果也验证了詹森（Jensen，1996）的研究，尽管金融发展显著促进了经济增长，但这也导致了环境质量的退化，促进碳排放水平的提高。尽管目前的金融发展对碳排放强度的降低起阻碍作用，但在加入金融发展水平变量后，FDI 的进入仍可以显著降低中国的碳排放强度，此时，FDI 的系数为 - 0.316，并在 5% 水平上显著。

模型（7）中引入了以人均受教育年限来表征的人力资本水平变量（HC）。结果显示，从整体上来看，人力资本水平的提高，不仅没有降低中国的碳排放强度，反而显著地促进了碳排放强度的提高，即中国人力资本水平每提高 1%，碳排放强度将会提高 0.028%。此时，FDI 的系数为 - 0.307，虽在 10% 水平上仍然显著，但其对碳排放强度下降的积极作用进一步减弱。

模型（8）中引入了用非农业人口比重来表征的城镇化水平（URB）。城镇化水平的系数为 - 0.146，且在 1% 水平上显著，说明目前快速推进的城镇化显著降低了中国碳排放强度。伴随着城镇化水平的迅速提高，FDI 与中国碳排放强度之间的负相关关系变得更加显著。

模型（9）在模型（8）基础上引入了表征能源使用效率的能源消费强度变量（EI）。估计结果与预期相符，即单位 GDP 能源消费量的上升，将会导致碳排放强度的上升。估计结果显示，能源消费强度的系数为 0.203，并在 1% 水平上显著，说明目前中国的能源消费强度每上升 1%，碳排放强度就会提高 0.203%。虽然能源消费强度与碳排放强度之间存在正相关关系，但并未对 FDI 与碳排放强度之间的关系产生较大的冲击。

从系数的显著性水平及变化情况可知，在影响碳排放强度的各种主要因素中，人均收入水平、环境规制强度、产业结构、能源消费强度、能源消费结构和城镇化水平对中国碳排放强度的影响十分显著且较稳定，但研发投入强度、金融发展水平和人力资本水平的回归结果与预期不符，也就是研发投入强度、金融发展水平和人力资本水平提升了中国的碳排放强度。在引入所有控制变量后，FDI 对中国碳排放强度的影响虽有减弱，但依然显著为负（ - 0.213）。因此，就整体而言，FDI 的进入显著降低了中国的碳排放强度，有利于中国实现 2020 年比 2005 年碳排放强度下降 40% ~ 45% 的碳减排目标。然而，FDI 的进入究竟是如何降低中国碳排放强度的呢？在整体层面实证检验的基础上，下一小节将对 FDI 对中国碳排放强度影响的传导渠道进行实证考察。

4.2　FDI 对中国碳排放强度影响的传导渠道分析

理论分析表明，FDI 主要通过规模效应、结构效应和技术效应对东道国碳排放强度产生影响。现有关于 FDI 对碳排放强度影响的传导机制研究主要是采用单方程回归模型进行实证分析。然而，在使用单方程进行估计时，忽略了不同扰动项之间可能存在的相关性，导致估计缺乏效率，同时，由于单方程模型不能将所有问题纳入统一的系统中考察，且无法对 FDI 对碳排放强度的影响渠道进行分解。因此，本章采用联立方程组模型，以更加全面的视角来考察 FDI 对中国碳排放强度的影响，并对 FDI 对碳排放强度的影响渠道进行分解。

4.2.1　联立方程组模型设定及变量选择

4.2.1.1　联立方程组模型设定

为更加全面地考察 FDI 对碳排放强度的影响，在借鉴何洁（2006）、郭红燕和韩立岩（2008）及李锴（2012）研究思路的基础上设定本节研究的联立方程组模型如下：

$$CI = c\ (Y,\ S,\ T) \qquad\qquad (4-5)$$
$$Y = g\ (K,\ L,\ H,\ FDI) \qquad\qquad (4-6)$$
$$S = s\ (Y,\ T,\ FDI) \qquad\qquad (4-7)$$
$$T = t\ (Y,\ H,\ RD,\ FDI) \qquad\qquad (4-8)$$
$$ER = e\ (Y,\ T,\ PD) \qquad\qquad (4-9)$$
$$FDI = f\ (L,\ H,\ T,\ DM,\ Y) \qquad\qquad (4-10)$$

式（4-5）表示中国碳排放强度影响效应分解方程。根据前面的理论分析，将影响中国碳排放强度的相关因素分解为规模效应、结构效应和技术效应，在式（4-5）中，Y 表示规模效应，S 为结构效应，T 为技术效应。式（4-6）表示经济规模方程，根据柯布—道格拉斯生产函数和新经济学理论建立，其中，K 为各省（市、区）的物资资本存量，L 为劳动力数量，H 为人力资本存量，同时，加入外商直接投资变量（FDI），以此考察外商直接投资与经济规模之间关系。式（4-7）表示经济结构方程，在经济结构方程中选择技术水平（T）、外商直接投资（FDI）和人均收入水平（PG）作为解释变量，以此考察 FDI 对中国经济结构的影响。式（4－8）表示技术水平方程，理论分析表明，技术进步主要来源于两个方面，一是内部研发，二是在对外开放中获得的技术溢出。因此，在方程中引入研发投入强度（RD）和外商直接投资（FDI）作为影响技术水平的变量，同时，人力资本也是影响技术溢出吸收和消化能力的重要因素，因此，本节也把人力资本存量作为影响技术进步的重要因素纳入技术水平方程中。式（4－9）为环境规制强度方程，在该方程中选择人均收入水平、技术水平和人口密度作为解释变量。式（4－10）表示 FDI 区位选择方程。本节选择发展水平（PGDP）、技术水平（T）、市场化程度（DM）和工人平均工资（W）作为影响 FDI 区域选择的主要因素。

4.2.1.2　变量选择与数据描述

联立方程组所涉及的变量及数据来源如下：

（1）经济规模（Y）。

由于本书主要研究的是碳排放强度变化的影响因素，而碳排放强度是一个相对变量，故本节使用各省（市、区）的实际人均 GDP 表示，鉴于中国特殊国情，人口总数在一定时期的变化相对较小（人口增加与总数相比），因此，人均 GDP 的变化一定程度上可以看作是经济规模的扩大。为保证数据可比性和一致性，本书以 1997 年为基期，对名义 GDP 进行平减，得到各省（市、区）的实际 GDP，进而得到各省（市、区）的实际人均 GDP。

（2）劳动力（L）。

各省（市、区）投入的劳动力数量用各省（市、区）年底三次产业从业人员总数表示。其中，2006 年因为全国开展农业普查，分地区乡村就业人员数据缺失，本节采用前后两年（2005 年和 2007 年）的三次产业就业人数均值来替代 2006 年数据。

（3）资本存量（K）。

本书根据单豪杰等（2008）的估算方法，同时，为保持数据可比性，以 1997 年为基期重新估算各省（市、区）的资本存量，具体公式为：$K_t = K \times (1 - 10.96\%) + K_{t-1}$，其中，K 为基期 1997 年的资本存量，$K_t$ 为当期资本存量，K_{t-1} 为上期资本存量，折旧率为 10.96%。在基期 1997 年资本存量计算过程中需要用到各省（市、区）的固定资本形成总额和固定资产投资价格指数。

（4）人口密度（PD）。

拉欧丽和波普（Lovely and Popp，2011）认为，人口密度越大，政府采取环境规制措施的时间就会越早。本书以每平方公里人数作为人口密度的代理变量。

（5）外商直接投资（FDI）。

采用各地区实际利用额，由于统计年鉴公布的是以美元为单位的当年价，所以采用当年人民币对美元的汇率将其转换成以人民币为单位进行计价，同时，为消除物价变动的影响，再通过 GDP 指数进行平减得到以 1997 年为基期的 FDI 利用量。其余变量的定义与测度与第 4 章相同，此处不再详细描述。

本节的实证考察样本依然采用 1997～2012 年中国 30 个省（市、区）的面板数据，样本数据来源于《中国统计年鉴》《中国人口和就业统计年鉴》《新中国六十年资料汇编》和中经网统计数据库。

4.2.2 实证结果及分解

联立方程组模型的估计方法主要有两种：单方程估计法和系统估计方法。单方程估计法是对整个联立方程组模型中的每个方程分别进行估计，进而得到整个联立方程组模型的结构参数估计值。常用的方法有间接最小二乘法（ILS 法）和两阶段最小二乘法（2SLS 法）。系统估计法是对整个模型中全部结构参数同时进行估计的方法，常用方法有三阶段最小二乘法（3SLS 法）和广义矩估计法（GMM 法）。单方程估计法在估计时，仅利用联立方程组中单个方程信息进行参数估计，没有考虑联立方程组各个方程之间的相关关系对参数估计的影响，系统估计法则可以很好地避免单方程估计方法的不足，利用整个联立方程的全部方程进行参数估计，在估计时会综合考虑整个模型系统中所有变量之间的相关关系。鉴于此，本节利用三阶段最小二乘法（3SLS 法）的系统估计法对联立方程组进行估计。

4.2.2.1 联立方程组模型估计结果

联立方程估计结果如表 4-4 所示，把影响中国碳排放强度的因素分解为规模效应、结构效应和技术效应三个方面。从估计结果看，以人均收入水平为代表的经济规模系数为 -0.234，并在 1% 水平上显著，这说明经济规模扩大对中国碳排放强度下降具有积极的作用；产业结构变化对中国碳排放强度具有显著的正向影响，即第二产业增加值占国民生产总值的比重每增加 1%，碳排放强度就会上升 0.533%；技术效应对中国碳排放强度的影响显著为负，技术创新水平每提高 1%，碳排放强度就会下降 0.322%。

表 4 - 4　　　　　　　　　　　　　　**联立方程模型估计结果①**

变量	lnCI	lnY	lnIS	lnTI	lnER
常数项	3.562 *** (12.45)	6.745 *** (8.512)	10.026 *** (20.112)	- 1.458 ** (- 1.998)	8.871 *** (5.426)
lnY	- 0.234 *** (- 5.30)		0.021 *** (2.96)	0.185 *** (2.63)	0.611 *** (3.154)
lnIS	0.533 *** (9.84)				
lnTI	- 0.322 *** (11.78)		0.033 *** (3.46)		0.052 * (1.863)
lnER	- 0.663 *** (11.78)				
lnK		0.077 *** (2.31)			
lnL		0.045 *** (2.60)			
lnH		1.521 *** (11.03)		0.224 *** (2.33)	
lnFDI		0.183 *** (3.24)	0.098 *** (3.81)	0.286 *** (5.09)	
lnRD				0.155 *** (4.85)	
lnPD					0.0295 (1.55)
R^2	0.884	0.858	0.852	0.762	0.859
样本数	480	480	480	480	480

注：括号内为 t 值；***、**、* 分别表示在 1%、5% 和 10% 水平上的显著性。

从经济规模方程看，模型估计结果表明，FDI 对中国经济发展具有显著的促进作用，即 FDI 每提高 1%，人均收入水平就会增加 0.183%，由于中国的人口总量在一定时期内变化较小，因此，人均收入水平的提高可以看作是经济总量扩大的结果。同时，资本存量、劳动力数量和人力资本存量都对中国经济发展具有显著的推进作用，回归结果与经典经济理论相符。在样本考察期内，资本存量每增加 1%，经济规模会扩大 0.077%；劳动力数量每增加 1%，经济规模会扩大 0.045%；人力资本存量每增加 1%，经济规模会扩大 1.521%。

从经济结构方程看，模型估计结果表明，FDI 对第二产业发展具有显著的

————————

① 由于本书是基于 FDI 存在的事实展开研究，故本节对该方程进行具体估计结果略去。

推进作用。即FDI每增长1%，第二产业增加值占比就会增加0.033%，同时，技术创新水平和人均收入水平的提高也可以在一定程度上促进第二产业的发展。

从技术方程看，模型估计结果表明，FDI通过垂直和水平等渠道的溢出，可以显著提高中国的技术创新水平。即FDI每增加1%，技术创新水平会提升0.286%，同时，作为影响技术创新水平的重要投入要素，研究与发展内部经费支出占国民生产总值的比重每增加1%，技术创新水平会提高0.155%；人力资本不仅是自主研发的主要载体，同时也是组成吸收FDI技术溢出的重要主体，结果显示，人力资本水平每提高1%，中国的技术创新水平将会提高0.224%。

4.2.2.2 传导效应分解

从前面的理论分析可知，FDI对碳排放强度的影响主要通过经济规模、经济结构和技术创新水平作用于碳排放强度，FDI对中国碳排放强度影响的传导渠道分解如图4-1所示。

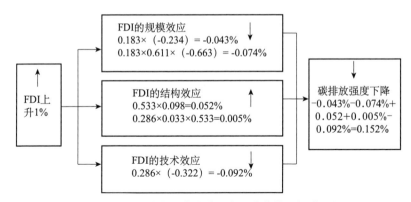

图4-1 FDI对中国碳排放强度影响的传导渠道分解

（1）FDI的规模效应。

表4-4和图4-1显示，在FDI对碳排放强度影响的主要渠道中，规模效应的影响显得尤为突出。FDI每增加1%，经济规模将会上升0.183%，这表明FDI的进入促进了经济规模的扩大。同时，碳排放强度对经济规模的弹性系数为-0.234，这说明经济规模的扩大能显著降低中国的碳排放强度。此时，FDI的规模效应还会通过环境规制进行传导，即随着人均收入的提高，人们开始要求更高的环境质量，迫于压力，政府就会实施更为严厉的环境规制措施，从而提高环境质量，降低碳排放强度。此时，人均收入每提高1%。环境规制强度将提高0.611%，而碳排放强度则会下降0.405%（0.611%×0.663%）。在保持其他控

制因素不变的情况下，FDI 引起的规模效应可以显著降低中国的碳排放强度，也就是 FDI 每增加 1%，中国的碳排放强度就会下降 0.117%（0.043% +0.074%）。

（2）FDI 的结构效应。

表 4 - 4 和图 4 - 1 显示，FDI 每增加 1%，第二产业增加值占国民生产总值的比重就会增加 0.098%。从式（4 - 5）中可知，在国民生产总值中，第二产业份额的上升对中国碳排放强度的上升具有正向的促进效应，即第二产业份额每上升 1%，中国的碳排放强度将会上升 0.533%。同时，FDI 引致的结构效应还会通过技术进步进行传导，技术创新水平每提高 1%，第二产业的份额就会增加 0.033%。FDI 引致的产业结构效应会通过促进第二产业的发展来提高中国的碳排放强度。总的来说，在保持其他条件不变时，FDI 每增加 1%，中国的碳排放强度会上升 0.057%（0.052% +0.005%）。

（3）FDI 的技术效应。

技术创新不仅是经济增长的内在动力，它还是低碳经济持续发展的有力保证。从图 4 - 1 和表 4 - 4 中可知，FDI 引致的技术效应为 0.092。在技术创新方程中，FDI 的回归系数为 0.286，且在 1% 水平上显著，即 FDI 显著提高了中国的技术水平。同时，在式（4 - 5）中，碳排放强度对技术创新水平的弹性系数为 -0.322，并在 1% 水平上显著，这说明技术进步可以显著降低中国的碳排放强度。即在保持其他条件不变时，FDI 引致的技术效应对中国碳排放强度具有显著的降低作用，FDI 每增加 1%，碳排放强度就会下降 0.092%。

总之，经济规模、经济结构和技术创新水平是影响中国碳排放强度的三个重要因素，同时，也是 FDI 作用于碳排放强度的重要渠道。FDI 的进入通过对经济规模、经济结构和技术水平的影响进而对碳排放强度产生作用。通过对 FDI 影响中国碳排放强度的传导渠道分解表明，经济规模的扩大和技术水平的提高都显著降低了中国的碳排放强度，而第二产业份额的上升则会提高中国的碳排放强度。但是，FDI 的进入对中国的碳排放强度影响的总效应为负，也即是 FDI 每增加 1%，中国的碳排放强度会下降 0.152%。

4.3　本章小结

本章从 FDI 对中国碳排放强度影响的理论分析出发，以 1997 ~ 2012 年中国省际面板数据为样本，利用动态面板数据模型从全国整体层面实证考察了 FDI 对碳排放强度的影响，并通过面板数据联立方程组模型就 FDI 对碳排放强度影响的传导渠道进行了实证分析。

研究发现，在逐步引入人均收入水平、环境规制强度、能源消费结构、能源消费强度、城镇化水平、研发投入强度、金融发展水平和人力资本水平等控制变量后，FDI 系数始终显著为负，说明在控制了影响碳排放强度的其他关键变量后，FDI 的进入依然对中国碳排放强度具有显著的降低作用。传导渠道分析表明，FDI 通过扩大经济规模和提高技术水平显著降低了中国碳排放强度，而 FDI 引致的产业结构变化（第二产业份额的上升）提高了中国碳排放强度。但总的来说，FDI 通过规模效应、技术效应对中国碳排放强度的降低作用远大于通过结构效应对碳排放强度的提高。

尽管本章在中国整体层面上对 FDI 的"污染光环"效应给出有力的经验证据，即 FDI 显著降低了我国碳排放强度。但是，中国作为一个经济规模、产业结构、技术水平和环境规制强度差异较大的发展中国家，FDI 对不同区域碳排放强度所产生的影响是否相同呢？本书将在第 5 章对此进行更为翔实的实证分析。

第5章

FDI 对中国碳排放强度影响的
区域差异分析

由前面分析可知，在全国整体层面，FDI 对中国碳排放强度具有显著的降低作用，而中国是一个幅员辽阔、资源分布不均衡的国家，区域间的经济基础、产业结构、技术水平和 FDI 利用规模等方面均存在较大差异，区域间的非均衡对 FDI 及碳排放强度的地区差距有没有影响？FDI 在不同区域对碳排放强度的影响如何？因此，本章首先使用 Dagum 基尼系数及其分解方法，对区域非均衡发展下的 FDI 和碳排放强度的地区差异进行测度，并对地区差异的来源进行分解。在此背景下，提出 FDI 对中国碳排放强度影响存在区域差异的假设，并利用中国 1997～2012 年省际面板数据，对该假设进行实证检验。

5.1 FDI 和碳排放强度的地区差异分析

目前，学术界关于地区差异的衡量指标主要有绝对指标和相对指标两类。绝对差距衡量指标主要是反映地区间的绝对差异，指标包括标准差、加权标准差、极差和平均差等；相对差距衡量指标主要是指样本中某变量值偏离参照值的相对偏离程度，指标包括极值差率、变异系数、加权变异系数、基尼系数和泰尔指数等。当这些指标的值越大，说明地区间的差异就越大。不同的专家学者采用不同的方法对地区差异进行研究，相对于绝对衡量指标来说，相对衡量指标更适合用在区域非均衡的中国，因此，本书采用相对衡量指标对中国 FDI 利用和碳排放强度的地区差异进行测度。

现有研究采用相对衡量指标对中国利用 FDI 的地区差异进行衡量的有：陈相森等（2012）以 1986 ~ 2009 年数据为样本，利用泰尔指数对中国三大区域利用 FDI 的地区差异测度发现，1986 ~ 1998 年，中国利用 FDI 的地区差异在逐渐缩小，而 1999 ~ 2009 年的地区差异则呈现出持续扩大之势。蒋庚华和郭沛（2013）利用中国 1990 ~ 2010 年相关数据，采用变异系数对中国四大区域利用 FDI 的地区差异和碳排放强度的地区差异进行分析发现，四大区域利用 FDI 和地区碳排放强度存在显著的地区差异。朱捷（2009）采用基尼系数、泰尔指数等相对差异指标对中国利用 FDI 的地区差异进行衡量发现，全国东、中、西三大区域利用 FDI 存在显著的地区差异，东部地区内部利用 FDI 的差异趋于缩小，而中、西部地区内部的差异呈逐渐扩大之势。

采用相对衡量指标对中国碳排放强度的地区差异进行衡量的有：克拉克-萨瑟等（Clarke-Sather et al.，2011）把中国分为东部、中部和西部三个区域，采用变异系数、基尼系数和泰尔指数对中国 1997 ~ 2007 年二氧化碳排放的区域差异进行测度发现，中国人均二氧化碳排放呈现出显著的区域差异，且这种差异主要来自区域内差异。岳超等（2010）测算了中国的省级碳排放强度的泰尔指数，但在测算各省（市、区）碳排放强度的泰尔指数时所采用的公式是错误的，导致其得出的结论缺乏可信度。杨骞和刘华军（2012）将中国分为三区域和八区域两种区域划分，利用泰尔指数方法对我国二氧化碳排放的区域差异进行了分析，研究发现，中国的二氧化碳排放呈现出显著的区域差异，且碳排放强度的区域差异要大于人均二氧化碳排放的区域差异。刘华军等（2013）采用核密度估计和马尔科夫链等动态分布方法对中国二氧化碳排放的区域分布进行分析发现，中国的二氧化碳排放曾表现出明显的空间非均衡特征，且在样本考察期内中国二氧化碳排放的区域间差异呈逐渐上升之势。

针对 FDI 地区差异和碳排放强度的地区差异研究，虽然已涌现出了许多富有价值的研究成果，但就地区差异的测度方法而言，目前的不足之处主要体现在：一是利用变异系数、极值差率等只能从整体层面对地区差异进行测度，但该方法无法对地区差异的来源进行分解；二是泰尔指数的出现虽然弥补了这一不足，但在利用泰尔指数测度不同组别之间的差异时，要求不同组别之间的样本满足独立同方差且属于正态分布，在分解时泰尔指数又仅仅考虑了子样本的不同，而没有考虑子样本的分布状况。为解决上述问题，达格姆（Dagum，1997a，1997b）提出了一种新的基尼系数分解方法，即按子群方法对基尼系数进行分解，将区域差异分解为区域内差异、区域间净值差异和超变密度[①]三个部分，不仅克服了上述方法的不足，还有效地解决了区域差异的来源问题。本节从东部、中部和西部三个区域[②]，采用 Dagum 基尼系数方法对中国利用 FDI 和碳排放强度地区差异进行测度，并对地区差异的来源进行分解。

5.1.1　Dagum 基尼系数及其分解方法

为避免泰尔指数对差异分解过程中过强的前提假设，以及传统基尼系数不能分解的问题，达格姆提出按子群对基尼系数进行分解的方法，将总体基尼系数 G 分解为区域内差异的贡献 G_{nb}、区域间净值差异的贡献 G_w 和超变密度（intensity of transvariattion）的贡献 G_t 三个部分，且满足 $G = G_w + G_{nb} + G_t$。公式如式（5-1）所示，其中，n 是本书所研究的省份个数，k 是区域划分的个数，在本书中，n = 30，k = 3；j 和 h 分别表示 k 个区域中的不同省份且 j、h = 1，2，…，k；n_j 和 n_h 分别表示 j 和 h 区域内省份个数；y_{ji} 表示 j 区域内第 i 个省（市、区）的被考察变量，y_{hr} 表示 h 区域内第 r 个省（市、区）的被考察变量，$\bar{y}$ 为全部被考察变量的均值。式（5-2）、式（5-3）分别表示各区域的区域内基尼系数 G_{jj} 和区域内差异的贡献 G_w；式（5-4）、式（5-5）分别表示地区间基尼系数 G_{jh} 和地区间净值差异的贡献 G_{nb}；式（5-6）表示超变密度的贡献 G_t。

$$G = \frac{\sum_{j=1}^{k} \sum_{h=1}^{k} \sum_{i=1}^{n_j} \sum_{r=1}^{n_h} |y_{ji} - y_{hr}|}{2n^2\bar{y}} \tag{5-1}$$

$$G_{jj} = \frac{\frac{1}{2\bar{y}_j} \sum_{i=1}^{n_j} \sum_{r=1}^{n_h} |y_{ji} - y_{jr}|}{n_j^2} \tag{5-2}$$

$$G_w = \sum_{j=1}^{k} G_{jj} P_j S_j \tag{5-3}$$

---

① 超变密度是达格姆（Dagum，1960）在（Teoria de la transvaloración，sus aplicaciones a la economía）一文中提出，即两个不同的区域之间，经济发展水平较低的那个区域中存在着比较富裕的个体，而经济发展水平较高的区域中也存在着相对贫穷的个体，由这两个部分共同存在所导致的区域差距被称为超变密度。即超变密度是衡量子样本分布状况的项，如果按照绝对大小进行区域划分，则超变密度项为 0。

② 区域划分同第 2 章。

$$G_{jh} = \frac{\sum\limits_{i=1}^{n_j} \sum\limits_{r=1}^{n_h} |y_{ji} - y_{hr}|}{n_j n_h (\bar{y}_j - \bar{y}_h)} \tag{5-4}$$

$$G_{nb} = \sum\limits_{j=2}^{k} \sum\limits_{h=1}^{j-1} G_{jh} (P_j S_h + P_h S_j) D_{jh} \tag{5-5}$$

$$G_t = \sum\limits_{j=2}^{k} \sum\limits_{h=1}^{j-1} G_{jh} (P_j S_h + P_h S_j)(1 - D_{jh}) \tag{5-6}$$

为方便计算，在进行区域划分时按照被考察变量的升序对区域进行排序，使之满足 $\bar{y}_1 \leqslant \bar{y}_2 \leqslant \cdots \leqslant \bar{y}_j \leqslant \cdots \bar{y}_k$，其中，$P_j = n_j/n$，为 j 区域中所包含的省份占全部考察省份的比例；$S_j = n_j \bar{y}_j / n\bar{y}$，为 j 区域被考察变量之和与全部地区被考察变量之和的比重，且满足 $\sum p_j = \sum S_j = 1$，$\sum\limits_{j=1}^{k} \sum\limits_{h=1}^{k} p_j s_h = 1$；$D_{jh}$ 为 j 和 h 区域间被考察变量的相对比值，定义如式（5-7）所示。其中，d_{jh} 和 P_{jh} 的计算分别如式（5-8）、式（5-9）所示；其中，$F_j(x)$ 和 $F_h(x)$ 分别为 j 和 h 区域的累积分布密度函数。我们将 d_{jh} 定义为区域间空间非均衡贡献率的差值，即 j 和 h 区域中 $y_{ji} - y_{hr} > 0$ 的所有样本值之和的数学期望，P_{jh} 定义为超变一阶矩，即 j 和 h 区域中 $y_{hr} - y_{ji} > 0$ 的所有样本值之和的数学期望。

$$D_{jh} = \frac{d_{jh} - P_{jh}}{d_{jh} + P_{jh}} \tag{5-7}$$

$$d_{jh} = \int_0^\infty dF_j(y) \int_0^y (y - x) dF_h(x) \tag{5-8}$$

$$P_{jh} = \int_0^\infty dF_h(y) \int_0^y (y - x) dF_j(y) \tag{5-9}$$

5.1.2 中国 FDI 的地区差异分析

5.1.2.1 FDI 的地区差异描述

各省（市、区）的 FDI 利用水平表现出显著的地区差异，FDI 利用规模向西逐渐减少。从时间上看，东部沿海地区 2012 年的利用 FDI 均值为 934.53 亿元，远高于中部地区的 381.69 亿元和西部地区的 180.6 亿元。若以 1997 年为基期，到 2012 年，东部地区利用 FDI 均值年均增幅为 7.59%，中部地区利用 FDI 均值年均增幅为 13.78%，西部地区的碳排放强度均值年均增幅高达 15.08%，由此可见，尽管西部地区利用 FDI 数量最小，但其增幅最快，这也预示着 FDI 在中国分布的地区差异在逐渐缩小，并最终实现各区域间利用 FDI 的均衡发展。

5.1.2.2 FDI 的地区差异及其分解

(1) FDI 的地区差异分析。

从 1997~2012 年 FDI 的总体基尼系数变化趋势来看，如图5－1所示，FDI 的基尼系数从 1997 年的 0.647 上升到 2003 年的 0.689，然后又缓慢下降到 2012 年的 0.562，年均降幅为 1.37%。这说明中国利用 FDI 的地区差异在逐渐缩小，并呈收敛之势，同时，也反映出近年来中国实行的一系列缩小地区差异的政策取得了良好的效果。

从 FDI 的区域间差异及其演变态势看，由图 5－1 可知，东部和中部地区、东部和西部地区之间的差异均有小幅下降，但中部和西部地区之间的差异却呈现出上升的态势，这一变化可能与中国的中部崛起战略有关，随着中部崛起战略的实施，中部地区利用 FDI 规模迅速增大。若以 1997 年为基期，东部和中部之间的差异年均下降 2.54%，东部和西部之间的差异年均下降 1.35%，中部和西部之间的差异年均上升 0.26%。

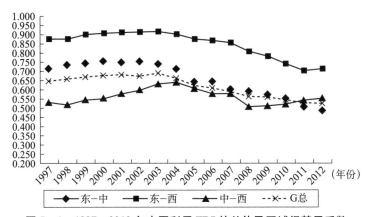

图 5－1 1997~2012 年中国利用 FDI 的总体及区域间基尼系数

从东部、中部和西部区域内差异及其演变态势看，由图5－2所示，在样本考察期内东部地区利用 FDI 的区域内差异呈现出逐渐缩小态势，而中部和西部地区利用 FDI 的区域内差异则呈现出扩大的趋势。若以 1997 年为基期，东部地区利用 FDI 的区域内差异年均下降 0.81%，中部地区利用 FDI 的区域内差异年均上升 2.57%，西部地区利用 FDI 的区域内差异年均上升 0.32%。

(2) FDI 的地区差异来源及其贡献率。

图 5－3 描述了中国利用 FDI 差异的来源及其贡献率。由表5－1和图5－3可知，在样本考察期内，区域间差异对 FDI 的总体差异贡献率均高于区域内差异和

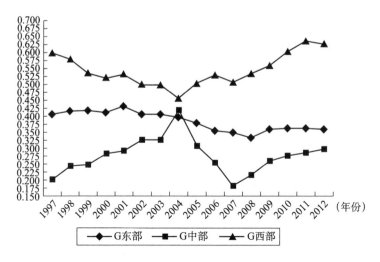

图 5-2　1997~2012 年中国利用 FDI 的三大区域内部基尼系数

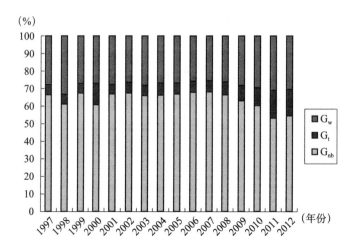

图 5-3　1997~2012 年中国利用 FDI 的地区差异来源及其贡献率

超变密度的贡献率，这说明目前 FDI 的地区差异主要源于区域间差异。具体来说，尽管区域间差异对 FDI 的总体差异贡献率（G_{nb}）有所下降，但到 2012 年区域间差异的贡献率仍高达 54.67%。区域内差异对利用 FDI 的总体差异贡献率（G_w）小幅增加，从 1997 年的 27.69% 增加到 2012 年的 30.47%，同时，超变密度的贡献率（G_t）也从 1997 年的 5.98%，上升到 2012 年的 14.86%。若以 1997 年为基期，区域间差异对 FDI 的总体差异贡献率年均下降 1.28%，区域内的贡献率年均下降 0.64%，超变密度的贡献率则年均上升 6.25%。

表 5 - 1 1997 ~ 2012 年中国利用 FDI 基尼系数及其分解

年份	总体基尼系数（G）	区域间基尼系数（G_{jh}）			区域内基尼系数（G_{jj}）			贡献率（%）		
		东 – 中	东 – 西	中 – 西	东部	中部	西部	G_{nb}	G_t	G_w
1997	0.647	0.716	0.877	0.529	0.406	0.203	0.597	66	6	28
1998	0.659	0.736	0.878	0.518	0.416	0.245	0.578	65	6	29
1999	0.669	0.745	0.901	0.544	0.417	0.249	0.533	67	6	27
2000	0.675	0.756	0.908	0.554	0.413	0.285	0.521	61	12	27
2001	0.680	0.749	0.912	0.579	0.431	0.294	0.533	67	6	27
2002	0.675	0.753	0.915	0.598	0.408	0.328	0.501	68	6	26
2003	0.689	0.740	0.918	0.633	0.408	0.328	0.501	66	6	28
2004	0.660	0.713	0.904	0.641	0.396	0.418	0.456	66	7	27
2005	0.622	0.643	0.878	0.605	0.381	0.308	0.505	67	7	27
2006	0.610	0.645	0.871	0.581	0.354	0.256	0.530	68	7	26
2007	0.588	0.602	0.858	0.577	0.351	0.183	0.506	68	7	25
2008	0.562	0.589	0.809	0.508	0.334	0.216	0.534	66	8	26
2009	0.560	0.573	0.783	0.512	0.359	0.264	0.559	63	9	28
2010	0.547	0.551	0.742	0.521	0.362	0.275	0.601	60	10	29
2011	0.529	0.506	0.703	0.546	0.363	0.288	0.636	53	16	31
2012	0.526	0.487	0.715	0.551	0.359	0.297	0.627	55	15	30

资料来源：作者计算整理。

5.1.3　中国碳排放强度的地区差异分析

5.1.3.1　碳排放强度的地区差异描述

各省（市、区）的碳排放强度水平表现出明显的地区差异特征，但在整体上中国的碳排放强度有逐渐下降之势。从时空上看，东部沿海地区 2012 年的碳排放强度均值只有 1.93 吨/万元，在三个区域中最低，以 1997 年为基期，到 2012 年东部地区的碳排放强度均值年均下降 4.02%；中部地区 2012 年的碳排放强度均值为 3.14 吨/万元，介于东部地区和西部地区之间，以 1997 年为基期，到 2012 年东部地区的碳排放强度均值年均下降 4.45%，降幅最大；西部地区 2012 年的碳排放强度均值为 5.38 吨/万元，是三个区域中最高的地区，以 1997 年为基期，到 2012 年东部地区的碳排放强度均值年均降幅仅为 1.75%。

5.1.3.2　中国碳排放强度的地区差异及其分解

（1）中国碳排放强度的地区差异分析。

由图 5 - 4 和表 5 - 2 可知，中国的碳排放强度总体基尼系数变化趋势并不平稳，在样本考察期内，可以分为两个阶段：第一阶段总体基尼系数不断上升（1997 ~ 2003 年），在这一阶段中国碳排放强度的总体基尼系数从 1997 年的 0.337 上升到 2003 年的 0.359，年均增幅达到 1.08%；第二阶段总体基尼系数表现出先上升后下降的变化趋势（2004 ~ 2012 年），在该阶段内中国碳排放强度总体基尼系数从 2004 年的 0.350 上升到 2006 年的 0.359，进而又逐渐下降到 2012 年的 0.342。由此说明，近年来中国碳排放强度的地区差异呈现逐渐缩小的发展态势。

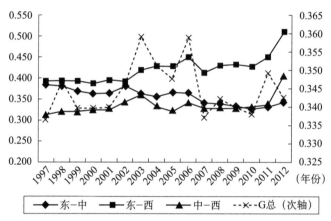

图 5 - 4　1997 ~ 2012 年中国碳排放强度的整体及区域间基尼系数

表 5 - 2　　　　　　1997 ~ 2012 年中国碳排放强度基尼系数及其分解

年份	总体基尼系数（G）	区域间基尼系数（G_{jh}）			区域内基尼系数（G_{jj}）			贡献率（%）		
		东 - 中	东 - 西	中 - 西	东部	中部	西部	G_{nb}	G_t	G_w
1997	0.337	0.382	0.392	0.311	0.310	0.304	0.270	42	30	29
1998	0.347	0.381	0.394	0.319	0.302	0.307	0.275	41	29	30
1999	0.339	0.367	0.392	0.319	0.297	0.301	0.272	41	29	30
2000	0.340	0.362	0.389	0.322	0.300	0.296	0.295	39	31	30
2001	0.340	0.362	0.395	0.325	0.300	0.293	0.295	40	31	29
2002	0.347	0.380	0.392	0.341	0.290	0.325	0.291	39	32	29
2003	0.359	0.362	0.419	0.358	0.251	0.321	0.338	44	27	29
2004	0.350	0.354	0.428	0.332	0.272	0.273	0.329	47	24	29
2005	0.347	0.365	0.428	0.321	0.296	0.271	0.306	49	23	29
2006	0.359	0.362	0.451	0.340	0.267	0.278	0.321	52	20	28

续表

年份	总体基尼系数（G）	区域间基尼系数（G_{jh}）			区域内基尼系数（G_{jj}）			贡献率（%）		
		东–中	东–西	中–西	东部	中部	西部	G_{nb}	G_t	G_w
2007	0.337	0.340	0.414	0.328	0.258	0.273	0.299	50	22	28
2008	0.342	0.339	0.430	0.328	0.257	0.266	0.305	51	21	28
2009	0.340	0.333	0.432	0.325	0.256	0.256	0.302	52	20	28
2010	0.338	0.329	0.428	0.329	0.246	0.263	0.298	44	28	28
2011	0.349	0.330	0.450	0.339	0.249	0.260	0.311	55	17	28
2012	0.342	0.343	0.510	0.405	0.256	0.286	0.371	66	17	16

资料来源：作者计算整理。

在把中国分为东部、中部和西部三大区域情况下，碳排放强度的区域间差异及其演变态势，如图 5–4 所示，除了东部和中部地区间的差异小幅下降外，东部和西部之间、中部和西部之间的差异均呈现出上升的态势，尤其是东部和西部之间差异上升较为明显。若以 1997 年为基期，东部和中部之间的差异年均下降 0.71%，东部和西部之间的差异年均上升 1.76%，中部和西部之间的差异年均上升 1.78%。

图 5–5 描述了东部、中部和西部区域内差异及其演变态势，在样本考察期内，东部和中部的碳排放强度区域内差异呈现出逐渐缩小之势，而西部地区碳排放强度的区域内差异却呈现出扩大的态势。若以 1997 年为基期，东部地区碳排放强度区域内差异年均下降 0.42%，中部地区碳排放强度区域内差异年均下降 1.27%，西部地区碳排放强度区域内差异年均上升 2.14%。

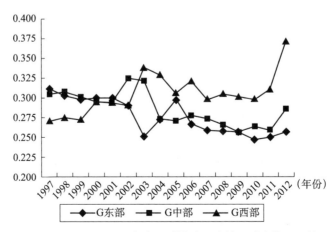

图 5–5 1997～2012 年中国碳排放强度的区域内基尼系数

（2）碳排放强度的地区差异来源及其贡献率。

由表5-2和图5-6可知，在样本考察期内，区域间差异对碳排放强度总体差异的贡献率均高于区域内差异和超变密度的贡献率，这说明目前中国碳排放强度的地区差异主要源于区域间差异。具体来说，区域间差异对中国碳排放强度总体差异的贡献率（G_{nb}）从1997年的42%上升到2012年的66%，而区域内差异对碳排放强度总体差异的贡献率（G_w）则从1997年的29%下降到2012年的16%，同时，超变密度的贡献率（G_t）也从1997年的30%，下降到2012年的17%。若以1997年为基期，则区域间差异对中国碳排放强度总体差异的贡献率年均上升3.15%，区域内的贡献率年均下降3.74%，超变密度的贡献率则年均下降3.5%。

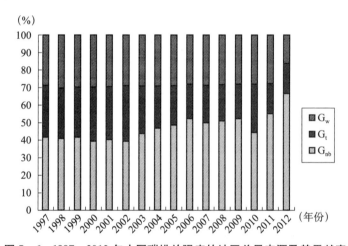

图5-6　1997~2012年中国碳排放强度的地区差异来源及其贡献率

综上所述，在样本考察期内，FDI与碳排放强度均表现出显著的地区差异。其中，FDI的地区差异一直处于下降趋势，而碳排放强度的地区差异却在缓慢上升，但二者的整体差异均主要来源于地区间的差异。FDI与碳排放强度的非均衡发展对二者之间的关系有何影响？本书将在下一小节采用计量模型对此展开实证考察。

5.2　FDI对中国碳排放强度影响的区域差异实证考察

5.2.1　分区域变量的统计描述

在深入分析FDI对中国碳排放强度影响的区域差异之前，利用经验数据就

FDI 对中国碳排放强度影响的区域差异做初步的统计观测，具体如图 5 - 7 和表 5 - 3 所示。

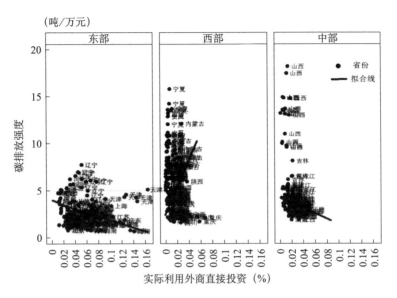

图 5 - 7 FDI 与东部、中部和西部地区碳排放强度的线性拟合

表 5 - 3 分区域变量的统计描述

区域	变量	样本数	单位	平均值	标准差	最小值	最大值	中位数
东部地区	CI	176	吨 CO_2/万元	2.703	1.477	0.680	7.760	2.280
	FDI	176	%	6.483	3.026	1.058	16.462	4.709
	PG	176	万元/人	2.844	2.09	0.557	11.282	2.230
	ER	176	%	36.203	23.030	3.068	88.965	37.042
	ES	176	%	56.227	15.255	23.012	91.256	55.674
	IS	176	%	46.611	10.156	19.800	60.133	46.351
	ES	176	%	0.562	0.153	0.230	0.910	0.580
	RD	176	%	1.485	1.343	0.061	5.974	1.426
	HC	176	年	9.307	1.270	7.030	13.310	9.100
	URB	176	%	45.592	19.410	18.280	92.180	44.213
	EI	176	吨标准煤/万元	1.206	0.444	0.610	2.570	1.050
中部地区	CI	128	吨 CO_2/万元	4.843	3.449	1.900	18.230	3.675
	FDI	128	%	1.888	0.972	2.091	4.877	1.799
	PG	128	万元/人	1.148	0.634	0.389	3.220	0.935
	ER	128	%	41.461	22.321	5.184	81.665	41.543
	IS	128	%	46.691	6.741	34.200	60.000	45.886
	ES	128	%	70.609	18.651	25.000	99.000	71.624

区域	变量	样本数	单位	平均值	标准差	最小值	最大值	中位数
中部地区	RD	128	%	0.794	0.354	0.068	1.728	0.814
	HC	128	年	8.583	0.728	6.800	10.300	8.293
	URB	128	%	31.309	11.023	17.200	60.100	30.098
	EI	128	吨标准煤/万元	1.730	0.758	0.830	4.520	1.525
西部地区	CI	176	吨CO_2/万元	5.726	3.232	1.510	15.760	4.970
	FDI	176		1.076	1.021	0.026	6.793	0.883
	PG	176	万元/人	1.029	0.662	0.225	4.112	0.819
	ER	176	%	34.554	24.337	0.213	85.234	34.213
	IS	176	%	44.342	5.673	33.557	58.400	43.158
	ES	176	%	70.534	18.127	34.000	100.00	67.235
	RD	176	%	0.754	0.603	0.081	2.978	0.746
	HC	176	年	7.761	1.038	4.740	10.280	7.358
	URB	176	%	27.782	11.350	14.04	84.310	21.764
	EI	176	吨标准煤/万元	2.433	1.078	1.010	5.300	2.400

资料来源：历年《中国统计年鉴》《中国环境统计年鉴》《中国能源统计年鉴》和中经网。

首先，如图5-7所示，从FDI与东部、中部、西部三大区域碳排放强度之间的散点线性拟合图来看，东部地区和中部地区均呈现出负相关关系，即FDI可以降低东部和中部地区的碳排放强度，在西部地区则呈现出正相关关系，也就是FDI阻碍了西部地区碳排放强度的降低。散点线性拟合图初步表明，FDI对中国碳排放强度的影响可能存在区域差异。

其次，由表5-3可知，在样本考察期内，东部地区碳排放强度均值为2.7吨/万元，最小值仅为0.68吨/万元，最大值只有7.76吨/万元；中部地区碳排放强度均值为4.83吨/万元，最小值为3.45吨/万元，最大值达到18.23吨/万元；而西部地区碳排放强度均值为5.73吨/万元，最小值为3.23吨/万元，最大值达到15.76吨/万元，即东部地区碳排放强度无论从均值、最小值还是最大值来看，均远低于中部、西部地区。就实际利用FDI而言，东部地区实际利用FDI的平均值为6.843%，远高于中部地区的1.888%和西部地区的1.076%。同时，东部地区经济发展水平、研发投入强度、技术创新水平、人力资本积累和城镇化水平等发展状况均优于中部、西部地区，而东部地区的煤炭消费占比和能源消耗强度均低于中部、西部地区。由此推断，三大区域在上述基础条件方面的差异，可能是造成FDI对中国碳排放强度的影响产生差异的主要原因。

上述结论只是一种统计上的描述，仅从二者之间的拟合曲线得出结论，不免让人产生质疑。因此，对FDI与碳排放强度之间关系的研究，需综合考虑其他相关影响因素，并在此基础上进行更深入的实证分析和检验。

5.2.2　模型设定

为检验 FDI 对中国碳排放强度影响的区域差异假设，本节在模型（4－4）的基础上，采取加入地区虚拟变量的方法考察 FDI 对中国碳排放强度影响的区域差异，前面实证分析表明，碳排放强度具有较强的黏滞效应，即上期碳排放强度对本期碳排放强度具有较大影响，因此，本节仍采用动态面板数据模型进行实证分析。具体而言，以东部地区为基础参考系，同时，引入中部地区和西部地区两个虚拟变量 Central 和 West，建立回归模型如下：

$$\mathrm{CI}_{it} = \alpha_0 + \alpha_1 \mathrm{CI}_{it-1} + \alpha_2 \mathrm{FDI}_{it} + \alpha_3 \mathrm{Central} \times \mathrm{FDI}_{it} + \alpha_4 \mathrm{West} \times \mathrm{FDI}_{it}$$
$$\alpha_5 \mathrm{PG}_{it} + \alpha_6 \mathrm{ER}_{it} + \alpha_7 \mathrm{ES}_{it} + \alpha_8 \mathrm{IS}_{it} + \alpha_9 \mathrm{RD}_{it} + \alpha_{10} \mathrm{HC}_{it} +$$
$$\alpha_{11} \mathrm{URB}_{it} + \alpha_{12} \mathrm{EI}_{it} + \alpha_{13} \mathrm{TI}_{it} + \varepsilon_{it} \qquad (5-10)$$

其中，CI_{it} 为 1997～2012 年第 i 省（市、区）第 t 年的碳排放强度，Central × FDI 为中部地区虚拟变量与外商直接投资的乘积，反映的是与基础参考系（东部地区）相比外商直接投资对中部地区碳排放强度影响的差异；West ×FDI 为中部地区虚拟变量与外商直接投资的乘积，反映的是与基础参考系（东部地区）相比 FDI 对西部地区碳排放强度影响的差异，其余变量的定义与度量均与式(4－4)中的变量相同，见表 4－1，在此不再赘述。

5.2.3　实证结果及分析

采用工具变量法解决模型中可能存在的内生性问题，首先要对工具变量选择的合理性进行检验，在确认工具变量的选取具有合理性的基础上再进行进一步的分析。表 5－4 是动态面板模型式（5－10）的回归分析结果，从表中可知，模型（1）到模型（9）的参数联合显著性 Wald 卡方检验均在 1% 的水平上显著，说明这 9 组模型的设定在整体上是合理的。过度识别 Sargan 检验和干扰项序列相关 Arellano-Bond 检验结果显示，模型工具变量设定是合理的，同时，为考察模型设定的稳健性，同样采用分步回归法，将各控制变量依次加入模型进行回归。随着相关控制变量的逐步加入，FDI 与各控制变量的系数及其显著性水平并没有出现剧烈的波动，上述检验结果表明，本节模型的设定具有合理性和稳健性。

在表 5－4 中，模型（1）仅将 FDI 和人均 GDP 变量纳入回归分析中，从回归系数来看，碳排放强度滞后一期的回归系数为 0.909，且在 1% 的水平上显著，这说明碳排放强度是一个连续累积的调整过程，前期碳排放强度对当期碳排放

表5-4

FDI对中国碳排放强度影响的区域差异估计结果

被解释变量：CI

解释变量	模型 (1)	模型 (2)	模型 (3)	模型 (4)	模型 (5)	模型 (6)	模型 (7)	模型 (8)	模型 (9)
L.CI	0.909** (33.158)	0.883** (39.688)	0.772*** (32.959)	0.761*** (29.254)	0.676** (23.619)	0.725** (19.389)	0.727** (23.354)	0.691*** (14.407)	0.785*** (29.254)
FDI	-0.621*** (-2.850)	-0.538*** (-2.113)	-0.665*** (-2.170)	-0.484*** (-2.769)	-0.448** (-2.577)	-0.669*** (-1.899)	-0.526*** (-1.967)	-0.528*** (-1.414)	-0.444*** (-2.769)
FDI × Central	0.563* (1.871)	0.543* (1.915)	0.516 (1.076)	0.321* (1.681)	0.508 (0.686)	0.601 (1.562)	0.498** (1.915)	0.501 (1.076)	0.371* (1.681)
FDI × West	1.046*** (2.321)	1.038*** (2.277)	0.984*** (4.005)	0.963*** (1.986)	0.861*** (0.394)	0.921** (2.131)	1.021** (2.024)	0.986** (2.005)	0.815** (1.986)
PG	-0.022*** (-3.201)	-0.020*** (-3.702)	-0.019*** (-4.967)	-0.027*** (-4.255)	-0.016** (-1.971)	-0.021*** (-2.552)	-0.018*** (-2.504)	-0.029*** (-3.590)	-0.034*** (-3.006)
ES		0.317*** (15.085)	0.556*** (17.631)	0.569*** (21.479)	0.306*** (6.270)	0.473*** (7.840)	0.487*** (7.223)	0.600*** (7.585)	0.575*** (7.122)
IS			0.350*** (2.832)	0.385*** (2.956)	0.447*** (2.147)	-0.365** (-1.984)	-0.471*** (-2.120)	-0.384*** (-1.732)	-0.490*** (-2.226)
ER				-0.186* (-1.764)	-0.116* (1.951)	-0.108* (-1.804)	-0.122* (1.749)	-0.134* (-1.659)	-0.098*** (-2.515)
EI					0.160*** (8.101)	0.178*** (10.350)	0.198*** (10.929)	0.213*** (10.132)	0.225*** (8.289)
RD						-0.001 (-1.056)	-0.005 (-1.259)	-0.006 (-0.923)	-0.014 (-1.585)
FD							0.053* (1.720)	0.035 (1.335)	0.063* (1.801)
HC								0.048*** (13.170)	0.038*** (5.426)

续表

解释变量	被解释变量：CI								
	模型 (1)	模型 (2)	模型 (3)	模型 (4)	模型 (5)	模型 (6)	模型 (7)	模型 (8)	模型 (9)
URB									-0.03 (-0.977)
常数项	0.128*** (2.665)	-0.054*** (-1.705)	0.112* (1.730)	0.141 (1.611)	0.115*** (6.368)	0.31 (1.225)	-0.018 (-1.135)	-0.453* (-3.565)	0.251 (1.027)
参数联合显著 Wald 检验值 (P)	24 234.49 (0.000)	32 227.24 (0.000)	22 933.25 (0.000)	11 596.52 (0.000)	31 921.39 (0.000)	12 297.11 (0.000)	47 355.96 (0.000)	40 435.12 (0.000)	11 596.52 (0.000)
Sargan 检验值 (P)	28.570 (1.000)	28.165 (1.000)	28.400 (1.000)	27.637 (1.000)	27.460 (1.000)	26.336 (1.000)	28.165 (1.000)	24.194 (1.000)	28.325 (1.000)
AR (1) 检验值 (P)	-2.456 (0.014)	-2.438 (0.015)	-2.440 (0.015)	-2.305 (0.021)	-2.154 (0.031)	-2.146 (0.032)	-2.148 (0.031)	-2.056 (0.039)	-2.247 (0.029)
AR (2) 检验值 (P)	-1.033 (0.302)	-1.052 (0.293)	-1.048 (0.295)	-1.065 (0.287)	-0.992 (0.209)	-1.000 (0.317)	-0.954 (0.340)	-0.990 (0.322)	-0.997 (0.319)
估计方法	SYS-GMM	SYS-GMM	SYS-GMM	SYS-GMM	SYS-GMM	SYS-GMM	SYS-GMM	SYS-GMM	SYS-GMM
样本数	450	450	450	450	450	450	450	450	450

注：括号内为 t 值；***、**、* 分别表示在 1%、5% 和 10% 水平上的显著性水平。

强度具有显著的正向影响。从 FDI 在东部、中部和西部三大区域的系数来看，FDI 对中国碳排放强度的影响在不同的区域具有显著的差异，东部地区 FDI 对碳排放强度的影响系数为 0.621，且在 1% 的水平上显著，即 FDI 每增加 1%，东部地区的碳排放强度会下降 0.621%；FDI 对中部地区碳排放强度的影响系数为 -0.058(0.563 -0.621)，即 FDI 在中部地区每增加 1%，中部地区的碳排放强度会下降 0.058%，但在统计上并不显著；而 FDI 在西部地区对碳排放强度的影响系数则为 0.525(1.046 -0.621)，且在 1% 的水平上显著，即，FDI 在西部地区每增加 1%，西部地区的碳排放强度将会上升 0.525%。产生区域差异的原因可能是，在经济基础和技术创新能力较高的东部地区，对 FDI 技术外溢的吸收能力较强，且 FDI 进入的产业层次较高，因此，FDI 的进入有效地提升了东部地区的技术水平，促进了当地企业的清洁生产，提高了能源利用效率，进而有利于东部地区碳排放强度的降低。对于中部地区而言，FDI 进入虽然也对中部地区碳排放强度的降低起到了积极作用，但这种作用并不显著，主要原因是在国家提出中部崛起战略之后，中部地区迎来城镇化和工业化的快速发展，能源消费和二氧化碳排放不可避免地大幅增加，同时，较低的自主创新能力也制约了中部地区对 FDI 技术外溢的吸收，上述问题的出现或许是抑制 FDI 降低中部地区碳排放强度的主要因素。对于西部地区而言，FDI 的引进反而阻碍了西部碳排放强度的降低，在西部大开发政策的吸引下，大量具有"三高"特征的 FDI 从发达国家和地区流向了西部，同时，中部地区的一些高能耗、高污染产业也开始向西部转移，从而在西部地区形成"污染避难所"效应，导致西部地区的二氧化碳排放迅速增加。

模型（2）在模型（1）的基础上引入了能源消费结构变量（ES），此时能源消费结构的系数为 0.317，并在 1% 的水平上显著，这说明煤炭消费量的增加显著刺激了中国二氧化碳的排放，提高了中国的碳排放强度。加入能源消费结构变量后，FDI 对碳排放强度影响的区域差异依然显著，说明能源消费结构并未显著影响 FDI 对碳排放强度作用的区域差异。

模型（3）在模型（2）的基础上加入了产业结构变量（IS），此时产业结构的系数为 0.35，且在 1% 的水平上显著。同时，人均 GDP 的系数为 -0.019，能源消费结构系数为 0.556，均在 1% 的水平上显著。在模型（3）中引入产业结构、能源消费结构和人均 GDP 之后，FDI 在东部地区对碳排放强度的影响依然显著为负（-0.665），而在中部地区 FDI 对碳排放强度的影响为负（-0.149），但在统计上仍然不显著，在西部地区 FDI 的系数依然为正（0.319）。

模型（4）在模型（3）的基础上引入了环境规制强度变量（ER），在模型

（4）中环境规制强度的系数为 - 0.186，并在 1% 的水平上显著。这说明环境规制强度对碳排放强度的降低具有积极的推动作用。在引入环境规制强度变量之后，FDI 在东部地区的系数仍然显著为负，与此同时，中部地区和西部地区的 FDI 系数与东部地区相比仍具有较大差异。

模型（5）继续引入能源消费强度变量（EI），回归结果显示，能源消费强度系数为 0.160，并在 1% 的水平上显著。人均 GDP、能源消费结构、产业结构和技术创新水平依然在 1% 的水平上显著，且符号与预期相符。重点观测变量 FDI 在东部地区对碳排放强度的影响虽然有小幅下降，但依然在 1% 的水平下显著为负，而 FDI 在中部地区的系数也由负转变为正，这可能与中部地区较高的能源消费强度有关，对于西部地区而言，FDI 的系数仍然在 1% 的水平上显著为正，即 FDI 进入在中部和西部地区对碳排放强度的下降均具有消极的阻碍作用。

模型（6）进一步引入研发投入强度变量（RD），回归结果显示，研发强度变量的系数虽然为负（ - 0.001），但其显著性水平较低，这说明研发经费支出的不断增加，并未能显著降低中国的碳排放强度。因此，在加入研发投入强度后，FDI 的进入对东部地区碳排放强度降低的正向作用和西部地区碳排放强度降低的负向效应仍然没有发生变化。

模型（7）在模型（6）的基础上加入了金融发展水平变量（FD）。结果显示，金融发展水平的系数为 0.053，并在 1% 的水平上显著。这说明目前的金融发展水平仍然对碳排放强度的降低起阻碍作用，但在加入了金融发展水平变量之后，FDI 对中国碳排放强度影响的区域差异并没有显著改变。

模型（8）继续引入以人均受教育年限表征的人力资本水平变量（HC）。结果显示，人力资本变量的系数为 0.048，并在 1% 的水平上显著，说明人力资本对碳减排并没有发挥出积极的作用。在加入人力资本水平变量后，在东部地区和中部地区 FDI 对碳排放强度的影响仍为负，而在西部地区 FDI 对碳排放强度的影响仍然显著为正。

模型（9）在模型（8）的基础上引入城镇化水平变量（URB）。结果显示，城镇化水平的系数为 - 0.03，尽管城镇化水平的提升对碳排放强度的降低发挥着积极作用，但是这种作用并不显著。三大区域显著差异的城镇化水平，并没有改善 FDI 对碳排放强度影响的区域差异。

上述分析结果表明，FDI 对中国碳排放强度的影响在东部、中部和西部三大区域层面上存在显著差异。FDI 对东部地区碳排放强度下降的作用要远高于中部地区，对西部地区而言，目前 FDI 的进入并不能有效地降低其碳排放强度。

5.3 本章小结

本章在利用 Dagum 基尼系数法对中国利用 FDI 和碳排放强度的区域差异进行测度的基础上，以 30 个省（市、区）1997～2012 年面板数据为样本，利用动态面板模型，通过系统 GMM 估计法，从东部、中部、西部三个区域层面实证分析了 FDI 对碳排放强度影响的区域差异。

结果表明，就实际利用 FDI 而言，FDI 在东部、中部、西部三大区域间的分布存在显著差异，这种差异主要来源于区域间的非均衡，但三大区域间的差异在逐渐下降；就碳排放强度而言，东部、中部、西部三大区域的碳排放强度也存在显著差异，区域间的非均衡是导致这种差异呈扩大之势的主要因素；就 FDI 对碳排放强度影响的区域差异而言，在东部地区，FDI 对碳排放强度具有显著降低作用；在中部地区，FDI 对碳排放强度虽有一定的降低作用，但并不显著；在西部地区，FDI 与碳排放强度之间则呈现出显著的正相关关系。

上述分析结果为我们提供一些重要的启示：FDI 与碳排放强度之间在不同时期、不同国家和区域以及在不同的条件下，可能呈现不同的演化趋势和特征，因此，在线性关系框架思路下诠释 FDI 与碳排放强度之间的联系并非明智的选择，二者同样很可能存在着某种非单调的线性关系，而区域间差距可能是导致这种关系产生的重要因素。为此，本书将在第 6 章运用汉森（Hansen，1999）提出的面板门槛回归模型，在区域间存在显著差距的现实情况下，对 FDI 与碳排放强度之间的非线性关系进行实证考察。

第6章

FDI 对中国碳排放强度影响的
门槛效应分析

前面的实证结果表明，FDI 对碳排放强度的影响在三大区域层面上存在显著差异，这可能与三大区域的资源禀赋、区位条件、政策倾斜以及经济基础有关。东部地区凭借着良好的经济基础、较高的技术水平和较强的技术外溢吸收能力，为 FDI 降低碳排放强度作用的发挥提供了良好的外部环境。中、西部地区受制于自身的落后的经济发展水平、产业结构等，导致其对 FDI 的吸引和筛选能力较差，致使 FDI 更多地流向碳排放较高的产业或部门，不利于 FDI 降低碳排放强度作用的发挥。上述现象表明，FDI 对碳排放强度的降低作用，可能需要满足一定的外部条件才能实现。因此，本章提出 FDI 对碳排放强度之间可能存在某种非线性关系的假设，也即是 FDI 对碳排放强度的影响可能存在门槛效应。接着本章将通过构建面板数据门槛模型就 FDI 与碳排放强度之间非线性关系假设进行检验。

6.1 面板数据门槛模型

在开放经济系统中，FDI 和环境污染之间的关系是个非常热门的话题。已有研究表明，FDI 和环境污染之间的关系不是线性的，而可能是倒"U"型的，原因是在经济发展的低级阶段，由于发展中国家的物资资本、人力资本和技术都十分短缺，为筹集推动经济发展所需资本和技术，发展中国家往往会降低环境规制以吸引外商投资来促进经济发展。小岛清的边际产业转移理论也表明，该阶段所吸引的 FDI 更多的是流向了第二产业中污染排放较重的制造业部门，同时，由于发展中国家的经济和技术基础较差、人力资本水平较低，尚不能有效吸收 FDI 所带来的技术溢出。因此从整体上来说，在经济发展的初级阶段，由于各种因素的阻碍，对外直接投资并不会降低东道国的碳排放强度。当经济发展到一定高度时，FDI 的进入便会通过更清洁的产业结构、更高技术水平和人力资本水平对碳排放强度的下降产生积极的影响。上述现象表明，FDI 对碳排放强度的作用可能会受到外部因素的影响，FDI 与碳排放强度之间的关系也可能不再是线性的，而表现出某种非线性的特征，如倒"U"型曲线、"N"型曲线或"U"型曲线等，在这种非线性关系中必然会涉及一个或几个结构变化点，也即存在着一定的门槛值。

在考察被解释变量与解释变量之间的非线性关系时，常用的处理方法有：第一，在模型中引入解释变量的二次项或三次项，以验证解释变量与被解释变量之间非线性的关系；第二，在模型中引入虚拟变量及解释变量与虚拟变量的交乘项，以解释模型中解释变量在受门槛变量影响时对被解释变量的作用；第三，首先按照门槛变量的某一特征进行分组，然后在不同区制内对解释变量与被解释变量进行回归，也称为分组回归。前两种方法，往往会因为解释变量与其二次项、三次项和交乘项之间存在着较强的共线性，而导致回归模型缺乏稳定性，同时变量的显著性检验也失去意义。分组回归法虽然可以在一定程度上反映出解释变量与被解释变量之间的非线性关系，但在利用分组回归法对样本数据进行分组时，分组指标既可能是连续型变量也可能是离散型变量。离散型变量的分组较为明显，然而对于连续型变量来说，如何选择适当的点进行分组，就存在很大的不确定性，根据不同的研究目的划分出的组别可能存在差异，此外，这种人为的分组方法具有较强的主观性，往往会导致回归结果出现偏误。门槛模型恰好弥补了这一不足，其最大特点就是在计量方法上具有客观的研究方式，利用门槛变量（threshold variable）的门槛估计值作为划分不同区间的分界点，内生地对不同区间进行划分，从而可以避免研究者主观的人为划分方式所带来估计偏误。

自豪厄尔·全（Howell Tong, 1978）提出门槛自回归模型（threshold auto-regression model）以来，这种非线性模型就逐渐在经济与金融领域得到了广泛的应用与关注。然而，门槛自回归模型在估计过程中构造的门槛效应检验统计量和 OLS 估计统计量均存在未知参数，未知参数的存在将会导致统计量的非标准分布问题。汉森（Hansen, 1999）提出，对于门槛效应统计量可以采用"自体抽样法"（bootstrap）来计算检验统计量的渐进分布，以对门槛效应进行检验，通过似然比检验（likelihood ratio test）构造 OLS 统计量的非拒绝域，则可以很好地解决 OLS 统计量分布的非标准化问题。因此，本章采用汉森（1999）提出的面板数据门槛回归模型（panel data threshold model），根据样本数据本身的规律内生地确定门槛值，进而对样本数据分组，并在不同的区间内实证考察 FDI 对中国碳排放强度的影响，以检验 FDI 与碳排放强度之间的非线性关系。

6.1.1 门槛模型设定

本章的门槛模型以汉森（Hansen，1999）提出的静态面板数据门槛回归模型为基础进行构建，基本方程为：

$$CI_{it} = \mu_i + \alpha Z_{it} + \beta_1 FDI_{it} \times I(q_{it} \leqslant \gamma)$$
$$+ \beta_2 FDI_{it} \times I(q_{it} > \gamma) + \varepsilon_{it} \tag{6-1}$$

其中，$i = 1, 2, \cdots, n$ 表示不同的省（市、区），$t = 1, 2, \cdots, T$ 表示时间（年份），CI_{it}（碳排放强度）为被解释变量，FDI_{it} 为受门槛变量影响的主要解释变量，Z_{it} 为控制变量，本章所选控制变量有人均收入水平、环境规制强度、技术创新水平、能源消费强度、能源消费结构、产业结构、人力资本水平、金融发展水平和研发投入强度，ε_{it} 为服从独立同分布、均值为 0、方差为 σ^2 的随机干扰项。$I(g)$ 指标函数，在括号内的相应条件成立时取 1，否则取 0。根据门槛变量 q_{it} 和门槛估计值 γ 的大小，把所考察样本分为两个不同区间，β_1 和 β_2 即表示不同区域间的差异，同时可以把式（6-1）改写为式（6-2）：

$$CI_{it} = \begin{cases} \mu_i + \alpha Z_{it} + \beta_1 FDI_{it} + \varepsilon_{it} & (q_{it} \leqslant \gamma) \\ \mu_i + \alpha Z_{it} + \beta_2 FDI_{it} + \varepsilon_{it} & (q_{it} > \gamma) \end{cases} \tag{6-2}$$

6.1.2 门槛模型估计

为了得到参数的一致估计量，需要消除不随时间变化的个体效应，即用每一个观察值减去其组内平均值以消除个体效应，得到式（6-3）：

$$\overline{CI}_i = \mu_i + \alpha \overline{Z}_i + \beta_1 \overline{FDI}_i I(q_{it} \leqslant \gamma) + \beta_2 \overline{FDI}_i I(q_{it} > \gamma) + \overline{\varepsilon}_i \tag{6-3}$$

其中，

$$\overline{CI}_i = \frac{1}{T} \sum_{t=1}^{T} CI_{it}, \quad \overline{Z}_i = \frac{1}{T} \sum_{t=1}^{T} Z_{it}, \quad \overline{\varepsilon}_i = \frac{1}{T} \sum_{t=1}^{T} \varepsilon_{it},$$

$$\overline{FDI}_i = \begin{cases} \dfrac{1}{T} \sum_{t=1}^{T} FDI_{it} I(q_{it} \le \gamma) \\[2mm] \dfrac{1}{T} \sum_{t=1}^{T} FDI_{it} I(q_{it} > \gamma) \end{cases} \qquad (6-4)$$

用式（6-1）减去式（6-3）消除个体效应，得到式（6-5）如下：

$$CI_{it}^* = \alpha Z_{it}^* + \beta_1 FDI_{it}^* \times I(q_{it} \le \gamma)$$

$$+ \beta_2 FDI_{it}^* \times I(q_{it} > \gamma) + \varepsilon_{it}^* \qquad (6-5)$$

其中，$CI_{it}^* = CI_{it} - \overline{CI}_i$，$Z_{it}^* = Z_{it} - \overline{Z}_i$，$\varepsilon_{it}^* = \varepsilon_{it} - \overline{\varepsilon}_i$，$FDI_{it}^* = FDI_{it} - \overline{FDI}_i$。

根据汉森的处理方法，在给定门槛变量的门槛值 γ 的情况下，参数 β 可以通过普通最小二乘法估计得到，即，$\hat{\beta}(\gamma) = (X^*(\gamma)' FDI^*(\gamma))^{-1} FDI^*(\gamma)' CI^*$，此时，相应的残差向量为：$\hat{e}^*(\gamma) = CI^* - FDI^*(\gamma)\beta^*(\gamma)$

残差平方和为：$\hat{\sigma}^2 = \dfrac{1}{n(T-1)} \hat{e}^{*'}\hat{e}^* = \dfrac{1}{n(T-1)} S_1(\hat{\gamma})$

$s_1(\hat{\gamma}) = \hat{e}^*(\gamma)' \hat{e}^*(\gamma) = CI^{*'}(I - FDI^*(\gamma)'(FDI^*(\gamma)' FDI^*(\gamma)')^{-1} FDI^*(\gamma)') CI^*$，通过最小化残差平方和得到 γ 的估计值 $\hat{\gamma}$，此时，$\hat{\gamma} = \arg \min s_1(\gamma)$，进而可以得到系数 β 的估计值 $\hat{\beta} = \hat{\beta}(\hat{\gamma})$，残差向量 e 的估计值 $\hat{e}^* = \hat{e}^*(\gamma)$ 和残差平方和 σ^2 的估计值。

6.1.3 门槛效应检验

在 6.1.2 小节中假设存在门槛效应的情况下，得到了参数估计值，因此，还需要对门槛效应是否存在这一假设进行两方面的检验：第一，检验门槛效应在统计上是否显著，即对门槛效应是否存在进行检验；第二，检验门槛估计值与其真实值是否具有一致性。

（1）门槛效应检验。

针对门槛效应检验，原假设为：H_0：$\beta_1 = \beta_2$，即不存在门槛效应，备选假设为：H_1：$\beta_1 \ne \beta_2$，即存在门槛效应。在原假设 H_0 下，相当于对式（6-1）添加了 $\beta_1 = \beta_2$ 额外的约束条件，此时门槛值 γ 无法唯一确定，传统的检验统计量也不再是标准分布。汉森（Hansen，1996）建议采用"自体抽样法"来模拟似然比检验的渐进分布，构造似然比检验 F 统计量如下：

$$F_1 = \frac{S_0 - S_1(\hat{\gamma})}{\sigma^2} = \frac{S_0 - S_1(\hat{\gamma})}{S_1(\hat{\gamma})/n(T-1)} \qquad (6-6)$$

由于 F_1 的分布是非标准的，故无法通过查表方式得到其临界值，也就不能

对 F_1 统计的显著进行推断，汉森（Hansen，1996）的研究表明，通过"自体抽样方法"可以获得非标准 F 统计量的一阶渐进分布，基于此构造的 P 值也具有渐进有效性，此时，如果 P 小于我们设定的临界值，那么就可以拒绝原假设，认为门槛效应是显著存在的，否则可以认为该模型不存在门槛效应。

（2）门槛值估计值（$\hat{\gamma}$）与真实值（γ_0）的一致性检验。

针对门槛值的一致性检验，原假设为：H_0：$\hat{\gamma} = \gamma_0$，备选假设为：H_1：$\hat{\gamma} \neq \gamma_0$。汉森（Hansen，1997）研究表明，在存在门槛效应的前提下，$\hat{\gamma}$ 是 γ_0 的一致估计量，然而其渐进分布是非标准的。但可以利用似然比统计量构造 γ 的非拒绝域，似然比检验统计量构造如下：

$$LR_1(\gamma) = \frac{S_1 - S_1(\hat{\gamma})}{\hat{\sigma}^2} \tag{6-7}$$

构造的拒绝域为，即当 $LR_1(\gamma) > c(\alpha)$ 时，拒绝原假设，认为门槛估计值不等于其真实值，其中，$c(\alpha) = -2\ln(1 - \sqrt{1-\alpha})$，$\alpha$ 为显著性水平，同时还可以画出似然比检验图，更加清晰地观察门槛值的置信区间及拒绝域。

6.1.4　多重门槛模型的设定与检验

上述是基于单一门槛的模型设定与检验，而在实际情况中，可能存在双重或多重门槛的情景，下面以双重门槛为例进行介绍，参照式（6-1），双重门槛模型设定如下：

$$CI_{it} = \mu_i + \alpha Z_{it} + \beta_1 FDI_{it}I(q_{it} \leqslant \gamma_1) + \beta_2 FDI_{it}I(\gamma_1 < q_{it} \leqslant \gamma_2)$$
$$+ \beta_3 FDI_{it}I(q_{it} > \gamma_2) + \varepsilon_{it} \tag{6-8}$$

其中，$\gamma_1 < \gamma_2$。此时单一门槛模型的估计与检验方法依然适用于双重门槛及更多门槛值存在情况下的模型。估计原理如下：首先，在单一门槛模型中通过最小化残差平方和 $S_1(\gamma)$，得到第一个门槛估计值 $\hat{\gamma}_1$，然后固定第一个门槛值，继续搜索第二个门槛的估计值 $\hat{\gamma}_2$，第二个门槛值的选择标准依然是残差平方和最小，此时，

$$S_2^{\gamma}(\gamma_2) = \begin{cases} S(\hat{\gamma}_1, \gamma_2) & IF \ \hat{\gamma}_1 < \gamma_2 \\ S(\gamma_2, \hat{\gamma}_1) & IF \ \gamma_2 < \hat{\gamma}_1 \end{cases} \tag{6-9}$$

进而得到第二个门槛值的估计值 $\hat{\gamma}_2^{\gamma} = \arg \min S_2^{\gamma}(\gamma_2)$。白聚山（1997）的研究表明，$\hat{\gamma}_2^{\gamma}$ 是渐进有效的，但 $\hat{\gamma}_1$ 却不满足渐进有效性质，此时可以固定 $\hat{\gamma}_2^{\gamma}$，重

新搜索第一个门槛值，依据残差平方和最小的原则，

$$S_1^\gamma(\gamma_1) = \begin{cases} S(\gamma_1, \hat{\gamma}_2^\gamma) & IF \ \gamma_1 < \hat{\gamma}_2^\gamma \\ S(\hat{\gamma}_2^\gamma, \gamma_1) & IF \ \hat{\gamma}_2^\gamma < \gamma_1 \end{cases} \quad (6-10)$$

重新得到第一个门槛值 $\hat{\gamma}_1^\gamma$，此时 $\hat{\gamma}_1^\gamma$ 满足渐进有效的性质。此时单一门槛模型的门槛效应检验，对双重门槛的检验依然有效，同样还可以将双重门槛的估计与检验扩展到三重及多重门槛模型中。

6.2 门槛变量的选取及数据说明

前面分析结果显示，从全国整体层面上而言，FDI 可以显著降低中国的碳排放强度，但是，在东部、中部、西部三个区域中，FDI 对碳排放强度的影响存在显著差异，尤其是在西部，FDI 不仅没有降低西部地区的碳排放强度，还显著促进了碳排放强度的提高。FDI 在不同的区域中为什么会表现出如此大的差异？基于此，本章将通过面板数据门槛模型尝试进一步分析 FDI 对中国碳排放强度影响的区域差异形成原因，我们将对以下几个问题逐步进行分析：第一，FDI 与中国碳排放强度之间是否存在显著的非线性关系；第二，导致 FDI 与碳排放强度之间的存在非线性关系门槛因素有哪些；第三，根据这些门槛因素的门槛值进行区间划分，在不同的区间内，FDI 与碳排放强度之间的关系如何变化。

结合前面的实证分析，本章将 FDI、人均收入水平、环境规制强度、能源消费结构、能源消费强度、产业结构、城镇化水平、技术创新水平、研发投入强度、人力资本水平和金融发展水平等控制变量作为门槛变量，根据门槛效应检验结果，在存在门槛效应的情况下，依据各变量的门槛值划分出不同的区间，并在不同的区间内考察 FDI 对碳排放强度的影响。在数据选择方面，本章依然使用 1997~2012 年中国 30 个省（市、区）的面板数据作为考察样本。为考察外商直接投资的利用规模对碳排放强度的影响，本节选用各地区实际利用 FDI，为消除经济波动造成的影响，并用各省份历年 GDP 平减指数将其转换成以 1997 年为基期的值。前面分析表明，FDI 进入第二产业不利于中国碳排放强度的降低，而进入较为清洁的第三产业有利于中国碳排放强度的降低。为此，在本节中产业结构数据选择第三产业增加值占 GDP 份额表示，以检验第三产业的发展对 FDI 与碳排放强度之间关系的影响。

6.3　FDI 对中国碳排放强度影响的门槛效应检验

6.3.1　门槛效应检验结果

面板数据门槛模型是在确定门槛效应是否存在以及门槛值存在个数的基础上正确设定面板数据门槛模型的形式并进行估计。本章依次在不存在门槛、存在单一门槛、存在双重门槛和存在多重门槛的假设下对式（6－8）进行估计，得到门槛效应的 F 统计量检验值，及其在反复自抽样（bootstrap）500 次的基础上得到的 P 值，如表 6－1 所示。

表 6－1　门槛效应检验结果

门槛变量	门槛个数	F 统计量	P 值	临界值		
				1%	5%	10%
FDI	单一门槛	32.088 ***	0.002	22.669	13.975	9.761
	双重门槛	72.227 ***	0.000	17.962	11.521	7.783
	三重门槛	5.835	0.175	19.912	12.005	7.812
PG	单一门槛	132.791 ***	0.000	52.657	17.676	11.941
	双重门槛	22.392 ***	0.005	17.546	11.907	8.194
	三重门槛	14.843	0.070	31.186	18.598	11.951
ER	单一门槛	53.014 **	0.026	59.856	40.501	25.585
	双重门槛	51.314 ***	0.002	46.198	26.583	15.421
	三重门槛	7.140	0.330	23.068	11.266	7.604
ES	单一门槛	95.929 ***	0.000	38.531	15.893	7.938
	双重门槛	29.413 ***	0.002	25.742	19.645	14.135
	三重门槛	13.503	0.050	40.169	23.571	17.644
IS	单一门槛	28.628 ***	0.000	8.998	5.969	3.829
	双重门槛	33.701 ***	0.000	14.728	5.019	1.864
	三重门槛	7.002	0.130	16.134	11.895	9.522
TI	单一门槛	61.884 **	0.013	64.794	25.497	17.983
	双重门槛	3.425	0.162	13.536	6.524	4.321
	三重门槛	7.049	0.184	17.392	9.082	7.611
EI	单一门槛	53.726 ***	0.007	48.468	22.574	15.208
	双重门槛	34.405 **	0.013	36.255	15.845	9.855
	三重门槛	7.868	0.215	24.643	13.490	10.217
HC	单一门槛	57.173 ***	0.000	27.034	15.667	10.204
	双重门槛	7.423	0.138	56.834	19.041	8.261
	三重门槛	4.599	0.105	11.054	6.901	4.785

门槛变量	门槛个数	F 统计量	P 值	临界值		
				1%	5%	10%
URB	单一门槛	6.542	0.456	33.776	20.009	12.743
	双重门槛	5.124	0.115	19.881	8.868	5.811
	三重门槛	3.574	0.105	16.297	9.346	5.676
RD	单一门槛	13.331	0.145	32.257	22.425	15.256
	双重门槛	10.441	0.187	46.195	15.362	12.572
	三重门槛	7.688	0.102	39.646	9.887	7.996
FD	单一门槛	7.496	0.005	42.660	13.358	8.149
	双重门槛	5.018	0.150	38.701	10.791	6.616
	三重门槛	4.209	0.260	21.783	11.143	8.893

注：***、**、*分别表示1%、5%和10%的显著性水平上显著；P 值和1%、5%和10%水平上的临界值均采用"自抽样法"（bootstrap）反复抽样 500 次得到。

由门槛检验结果可以看出，FDI、人均收入水平、环境规制强度、能源消费结构、产业结构、技术创新水平、能源消费强度和人力资本水平的单一门槛效应均通过了5%水平下的显著性检验，同时，人均收入水平、环境规制强度、能源消费结构、产业结构和能源消费强度的双重门槛特征仍然显著，所有变量的三重门槛检验均不显著。

门槛参数的估计值是指似然比检验统计量 LR 等于零时门槛值（γ）的取值。各门槛变量的门槛估计值及95%的置信区间如表6-2和似然比函数图 6-1～图 6-7所示。

表6-2　　　　　　　　门槛变量的门槛值估计结果

门槛变量	门槛个数	估计值	95%的置信区间
FDI	双重门槛	$\gamma_1 = 62.883$	[62.833, 64.174]
		$\gamma_2 = 171.05$	[171.05, 177.22]
PG	双重门槛	$\gamma_1 = 0.849$	[0.849, 0.879]
		$\gamma_2 = 1.417$	[1.414, 5.367]
ER	双重门槛	$\gamma_1 = 0.381$	[0.371, 0.401]
		$\gamma_2 = 0.827$	[0.827, 0.827]
ES	双重门槛	$\gamma_1 = 0.365$	[0.340, 0.380]
		$\gamma_2 = 0.760$	[0.760, 0.780]
IS	双重门槛	$\gamma_1 = 0.415$	[0.410, 0.537]
		$\gamma_2 = 0.443$	[0.440, 0.445]
TI	单一门槛	$\gamma_1 = 1.300$	[1.300, 1.428]

续表

门槛变量	门槛个数	估计值	95% 的置信区间
EI	双重门槛	$\gamma_1 = 1.450$	[1.350, 1.500]
		$\gamma_2 = 3.840$	[3.430, 4.000]
HC	单一门槛	$\gamma_1 = 8.330$	[8.250, 8.400]

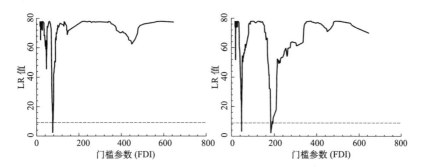

图 6-1　外商直接投资（FDI）的门槛估计值和 95% 的置信区间

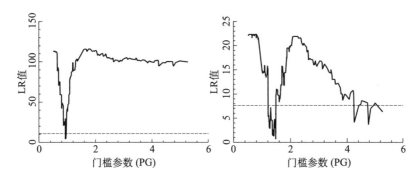

图 6-2　人均收入水平（PG）的门槛估计值和 95% 的置信区间

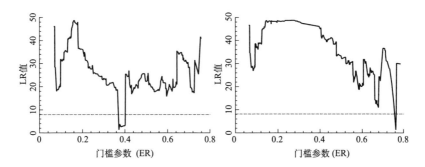

图 6-3　环境规制强度（ER）的门槛估计值和 95% 的置信区间

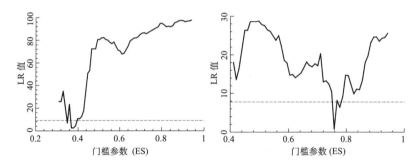

图 6 - 4　能源消费结构（ES）的门槛估计值和95％的置信区间

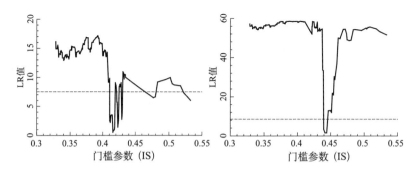

图 6 - 5　产业结构（IS）的门槛估计值和95％的置信区间

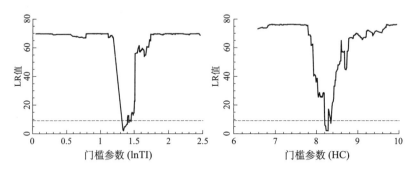

图 6 - 6　技术创新水平（lnTI）和人力资本水平（HC）的
门槛估计值和95％的置信区间

6.3.2　门槛模型回归结果

6.3.2.1　外商直接投资的门槛回归结果分析

由表 6 - 2 和图 6 - 1 可知，FDI 在 1％的显著性水平上存在双重门槛，门槛

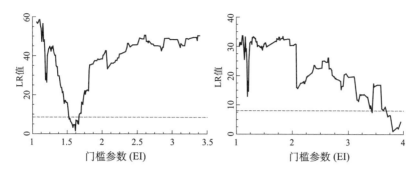

图 6－7　能源消费强度（EI）的门槛估计值和 95％的置信区间

值为 62.883 亿元和 171.05 亿元。根据汉森提出的面板数据门槛回归模型处理方法，以 62.883 亿元和 171.05 亿元为分界点，将 FDI 分为小于或等于 62.883 亿元、大于 62.883 亿元小于或等于 171.05 亿元和大于 171.05 亿元三个区间，并在不同区间内对 FDI 与中国碳排放强度之间的关系进行回归分析，以考察不同规模下的 FDI 对碳排放强度的影响差异。

门槛回归结果如表 6－3 所示。当 FDI 进入规模小于或等于 62.883 亿元时，FDI 的系数为 0.473，并在 5％的水平上显著，即 FDI 的进入会显著提高碳排放强度，即 FDI 每提高 1％，碳排放强度将提高 0.473％；当 FDI 进入规模处于 62.883 亿元和 171.05 亿元之间时，FDI 的系数为－0.014，但在统计推断上并不显著，这说明随着 FDI 规模的扩大，FDI 对碳排放强度的影响由提高转变为降低；而当 FDI 进入规模大于 171.05 亿元时，此时 FDI 的系数为－0.321，在 1％的水平上显著，也就是在此情况下，当 FDI 每提高 1％，碳排放强度就会下降0.321％。上述分析结论对 FDI 与碳排放强度之间可能存在非线性关系这一判断提供了很好的经验支持，也就是说，FDI 对中国碳排放强度的降低是在一定条件下才能实现的。产生这一现象的可能原因在于，在改革开放初期，百废待兴，资金和技术的短缺严重阻碍了中国的经济发展，具有技术和管理优势的 FDI 在一定程度上弥补了中国在资金和技术上的不足，但是在此阶段，人们更关注的是 FDI 的数量，而忽略了 FDI 的质量，导致大量的 FDI 流入到"三高"产业，给我国带来了极大的资源环境压力；随着 FDI 规模的不断扩大，人们开始逐渐意识到 FDI 在推动经济增长的同时也带来了严重的环境污染，人们环保意识的不断增强，使政府开始由关注 FDI 的数量转向重视 FDI 的引进质量，提高环境规制强度，此时，FDI 更多地流向了相对清洁的产业，进而有利于中国二氧化碳相对减排的实现。

表6-3　门槛模型估计结果

解释变量	门槛变量							
	FDI	PG	ER	ES	IS	TI	EI	HC
FDI_1	0.473 ** (2.177)	0.341 *** (4.351)	0.346 *** (2.553)	-0.673 *** (-9.16)	0.417 ** (2.254)	0.297 (1.472)	-0.464 *** (-4.992)	0.678 *** (2.735)
FDI_2	-0.014 (-0.785)	0.292 * (1.732)	-0.045 (1.474)	-0.217 ** (-2.104)	-0.251 *** (-5.348)		0.387 *** (2.833)	
FDI_3	-0.321 *** (-3.785)					-0.362 *** (-3.160)		-0.848 *** (-4.145)
FDI_4		-0.288 *** (-9.000)	-0.198 (2.453)	0.561 *** (4.871)	-0.264 ** (-2.212)		0.443 *** (5.781)	
URB	0.241 ** (2.058)	0.033 (1.311)	0.125 * (1.864)	0.363 * (1.757)	0.318 *** (2.843)	0.144 * (1.764)	0.160 (1.205)	0.251 ** (2.213)
RD	-0.024 (-1.138)	-0.108 *** (-2.779)	-0.009 ** (1.987)	-0.050 ** (-2.367)	-0.028 (-1.387)	-0.048 ** (-2.467)	-0.031 (-1.340)	-0.026 * (-1.876)
FD	-0.077 ** (-2.121)	0.123 *** (3.291)	-0.08 ** (2.003)	-0.030 * (-1.800)	-0.032 (-0.895)	-0.026 * (-0.737)	-0.036 * (-0.886)	-0.570 (-1.644)
PC	-0.061 *** (-6.754)		-0.057 *** (-5.571)	-0.064 *** (-6.657)	-0.063 *** (-7.260)	-0.051 *** (-5.574)	-0.061 *** (-5.903)	-0.058 *** (-6.946)
ER	-0.029 ** (2.474)	0.018 (0.888)		0.055 * (1.094)	-0.133 ** (2.711)	-0.065 (1.306)	-0.110 ** (1.977)	-0.032 ** (2.252)
ES	0.958 *** (11.524)	1.007 *** (13.228)	1.314 *** (10.718)		0.912 *** (11.459)	0.891 *** (11.083)	0.847 *** (8.925)	0.949 *** (11.837)
IS						-0.370 * (-1.976)	-0.137 *** (-5.619)	0.267 (-1.264)

续表

解释变量	门槛变量							
	FDI	PG	ER	ES	IS	TI	EI	HC
TI							-0.123*** (-6.591)	-0.089*** (-5.633)
EI					0.304*** (14.862)	0.300*** (14.486)		0.296*** (14.300)
HC					0.035*** (2.607)	0.031** (2.244)	0.031** (1.963)	
常数项	0.080 (0.499)	0.299** (2.551)	0.554*** (5.876)	0.776*** (6.241)	0.126 (0.803)	0.131* (1.886)	1.29*** (7.871)	1.277** (2.25)
F 统计量	95.03 (0.000)	118.14 (0.000)	103.45 (0.000)	89.60 (0.000)	99.17 (0.000)	103.84 (0.000)	67.61 (0.000)	110.88 (0.000)
R^2	0.286	0.764	0.842	0.711	0.747	0.740	0.649	0.735
样本数	480	480	480	480	480	480	480	480

注：FDI_1 为当 $q \leqslant \gamma_1$ 时 FDI 的系数，FDI_2 为当 $\gamma_1 < q \leqslant \gamma_2$ 时 FDI 的系数，FDI_3 为当 $q > \gamma_1$ 时 FDI 的系数，FDI_4 为当 $q > \gamma_2$ 时 FDI 的系数，其中 q 为门槛变量，γ 为门槛变量的门槛值，下方括号内数值为 t 值；***，** 和 * 分别表示在 1%、5% 和 10% 水平上显著。

6.3.2.2　其他门槛变量回归结果分析

（1）人均收入水平。

根据表 6 - 1 和图 6 - 2 可知，人均收入水平在 1% 的水平上存在双重门槛，同样根据汉森面板门槛模型的处理方法，将人均收入水平分按照 0.849 万元和 1.417 万元两个分界点，将人均收入收入水平分为小于或等于 0.849 万元、大于 0.849 万元且小于或等于 1.417 万元和大于 1.417 万元三个不同的区间，并在不同的区间内考察 FDI 对碳排放强度的差异影响。

门槛回归结果如表 6 - 3 所示，当人均收入水平处于小于或等于 0.849 万元区间内时，FDI 的系数为 0.341，并在 1% 的水平上显著，这说明此时 FDI 的进入会显著阻碍碳排放强度的下降，即 FDI 的规模每提高 1%，中国的碳排放强度将提高 0.341%；当人均收入水平处于 0.849 万元至 1.417 万元的区间内时，FDI 的系数为 0.292，在 10% 的水平上显著，此时 FDI 对碳排放强度的下降依然起阻碍作用，但与上一区间相比，此时 FDI 对碳排放强度下降的阻碍作用减轻；而当人均收入水平处于大于 1.417 万元区间时，FDI 的系数为 - 0.288，并在 1% 的水平上显著，这说明随着人均收入水平的提高，FDI 对碳排放强度的下降，从显著的阻碍作用变为积极的促进作用。产生这种现象的可能原因是，伴随人均收入水平的提高，人们开始更加注重环境质量，政府也将会更加重视节能减排，迫于压力，外资企业将更加倾向于采用清洁环保的生产技术，减少二氧化碳排放。胡永泰和宋立刚（2009）认为，在较低的收入水平下，东道国对 FDI 所带来的环境污染具有较高的承受能力，而当人均收入达到较高水平时，收入的增长将带来环境投资和环境规制的加强。从 1997 ~ 2012 年人均收入水平均值来看，西部地区所有省（市、区）中只有贵州省的人均收入小于第一个门槛值 0.849 万元外，其余省（市、区）的人均收入均大于第一个门槛值 0.849 万元，但小于第二个门槛值 1.417 万元；对于中部地区而言，除黑龙江省的人均收入高于第二门槛值 1.417 万元外，其余省（市、区）都处于第一个门槛值和第二个门槛值之间；对经济最为发达的东部地区而言，除海南省的人均收入水平为 1.257 万元之外，其余省（市、区）均高于人均收入水平的第二个门槛值 1.417 万元，经济发展水平的差异或许能在一定程度上解释 FDI 对碳排放强度影响产生显著区域差异的原因。

（2）环境规制强度。

表 6 - 1 和图 6 - 3 显示，环境规制强度在 1% 的显著性水平上存在双重门槛，门槛值分别为 38.1% 和 82.7%。为考察不同环境规制强度下 FDI 对碳排放强度

的影响差异，以环境规制强度门槛值 38.1% 和 82.7% 为分界点，将全部样本分为小于或等于 38.1%、大于 38.1% 且小于或等于 82.7% 和大于 82.7% 的三个不同区间，在不同的区间内考察 FDI 对碳排放强度的影响。

门槛回归结果如表 6-3 显示，当环境规制强度（二氧化硫去除率）小于或等于 38.1% 时，FDI 的系数为 0.346，并在 1% 的水平上显著，这说明当环境规制强度较低时，FDI 的进入会显著提升中国的碳排放强度；当环境规制强度在 38.1%~82.7% 时，FDI 的系数为 -0.045，虽然并不显著，但随着环境规制强度的提高，FDI 已经开始对中国的碳排放强度的下降发挥积极的作用；而当环境规制强度超过 82.7% 时，FDI 的系数为 -0.198，并在 1% 的水平上显著，也就是说，随着环境规制强度的继续提高，FDI 可以显著降低中国的碳排放强度。FDI 与碳排放强度之间存在环境规制门槛效应的可能原因是，在不同的环境规制强度下，FDI 的产业流向、清洁生产技术等方面存在较大差异，较高的环境规制强度不仅有利于 FDI 流向相对清洁的产业，而且还有利于企业清洁生产技术水平的提高。从 1997~2012 年的环境规制均值来看，西部地区有 7 个省（市、区）的环境规制强度均值小于第一个门槛值。东部和中部地区的环境规制强度均值基本都处于第一门槛和第二门槛之间。就全国而言，2012 年，环境规制强度的均值仍为突破第二个门槛值，这说明较低的环境规制强度仍是阻碍 FDI 碳减排效应发挥的重要因素。

（3）能源消费结构。

表 6-1 和图 6-4 显示，能源消费结构在 5% 的显著性水平上存在双重门槛，门槛值分别为 36.5% 和 76%。同样，将能源消费结构按照 36.5% 和 76% 两个分界点，将能源消费结构分为小于或等于 36.5%、大于 36.5% 且小于或等于 76% 和大于 76% 三个不同的区间，并在不同的能源消费结构下考察 FDI 对碳排放强度的差异影响。

门槛回归结果如表 6-3 所示，当能源消费结构（煤炭消费总量占能源消费总量的比例）小于或等于 36.5% 时，FDI 的系数为 -0.673，并在 1% 的水平上显著，这说明与其他化石能源相比，煤炭消费比重越低，FDI 对碳排放强度降低的作用就越大；当煤炭消费比重在 36.5%~76% 时，FDI 的系数为 -0.217，但不显著；而当煤炭消费比重越过 76% 时，FDI 的系数为 0.561，并在 1% 的水平上显著，此时，随着煤炭消费比重的增加，FDI 对碳排放强度的影响也由积极地降低转变为显著地提高。从 1997~2012 年的煤炭消费比重均值来看，煤炭消费比例大于 76% 的 9 个省（市、区）中，东部只有河北省，中部占 4 个，分别是黑龙江、吉林、安徽和河南,西部占4个,分别是内蒙古、贵州、陕西和宁夏。由此可见,东部地区的煤炭消费占能源消费的比重要远低于中部、西部地区的煤炭消费比重,而回归结果也说明,不同的能源消费结构正是FDI投资对碳排放强度产生非线性影响的关键因素之一。

（4）产业结构。

表6-1和图6-5显示,产业结构在1%的显著性水平上存在双重门槛,门槛值分别为41.5%和44.3%。为考察不同区间内FDI对碳排放强度的影响差异,以产业结构门槛值41.5%和44.3%为分界点,将全部样本分为小于或等于41.5%、大于41.5%且小于或等于44.3%和大于44.3%的三个不同区间,在不同的区间内考察FDI对碳排放强度的影响。

门槛回归结果如表6-3所示,当产业结构（第三产业增加值占国民生产总值的比例）小于41.5%时,FDI的系数0.417,并在1%的水平上显著,这说明当第三产业发育水平较低时,FDI更多地进入了碳排放水平较高的第二产业,此时,FDI的进入并不会降低我国的碳排放强度;当第三产业份额在41.5%~44.3%之间时,FDI的系数为-0.251,并在1%的水平上显著,这说明随着第三产业的发展,FDI的增加会降低碳排放强度;当第三产业份额超过44.3%时,FDI对中国碳排放强度的降低作用更加显著,此时,FDI每增加1%,中国的碳排放强度会下降0.264%。这说明第三产业快速发展,将会吸引更多的FDI流向第三产业,进而有利于碳排放强度的降低。在样本考察期内,均值越过第一个门槛值的有北京、天津、上海、广东、海南和宁夏5个省（市、区）,跨过第二个门槛值44.3%的只有北京和上海两地,而中部地区省（市、区）的第三产业份额在样本考察期内均值尚未达到第一个门槛值。

（5）技术创新水平。

表6-1和图6-6显示,技术创新水平（lnTI）在5%的显著性水平上存在单一门槛,门槛值为1.3。为考察在不同技术创新水平下FDI对碳排放强度的影响差异,以技术创新水平的门槛值1.3为分界点,将全部样本分为小于或等于1.3和大于1.3两个不同区间,并在不同的区间内考察FDI对碳排放强度的影响。

门槛回归结果如表6-3所示,当每百人科技活动人员拥有的授权专利数少于或等于3.669件（ln3.669=1.3）时,FDI的系数为0.297,但在统计上并不显著;当每百人科技活动人员拥有的授权专利数大于3.669件时,FDI的系数为-0.362,且在1%的水平上显著。这说明FDI与碳排放强度之间存在着显著的技术创新门槛,即FDI对中国碳排放强度的影响会随着技术创新水平（每百名科技活动人员所拥有的授权专利数量）的变化而表现出显著的非线性（倒"U"型）结构，在技术创新水平较低时，FDI 的进入，导致能源消耗大增，进而显著地提高了碳排放强度，但随着技术创新水平的提高，FDI 的进入会显著降低中国的碳排放强度，此时，外商投资每增加 1%，碳排放强度就会下降 0.362%。1997～2012 年，技术创新水平均值尚没有达到门槛值 3.669 的省（市、区）中，东部只有河北和吉林，中部有山西、江西、河南、湖南和湖北五省，而西部只有四川、贵州和新疆三省（区）的技术创新水平越过了门槛值。中部、西部地区较低的技术创新水平或许可以在一定程度上解释 FDI 对中国碳排放强度影响的区域差异。

（6）能源消费强度。

表 6-1 和图 6-7 显示，能源消费强度（EI）在 5% 的显著性水平上存在双重门槛，门槛值分别为 1.45 吨/万元和 3.84 吨/万元。同样，将能源消费强度按照 1.45 吨/万元和 3.84 吨/万元两个分界点，分为小于或等于 1.45 吨/万元、大于 1.45 吨/万元且小于或等于 3.84 吨/万元和大于 3.84 吨/万元的三个不同区间，并在不同的区间内考察 FDI 对碳排放强度的差异影响。

门槛回归结果如表 6-3 所示，当能源消费强度低于 1.45 吨/万元时，FDI 的系数为 -0.464，且在 1% 的水平上显著，说明当能源消费强度小于 1.45 吨/万元时，FDI 每增加 1%，碳排放强度将会下降 1.464%；而当能源消费强度大于 1.45 吨/万元小于 3.84 吨/万元时，FDI 的增加不仅不会降低碳排放强度，反而会提高碳排放强度，此时，FDI 每增加 1%，中国的碳排放强度将会提高 0.387%，而当能源消费强度大于 3.84 吨/万元时，FDI 提高碳排放强度的作用进一步得到加强，在此区间内，FDI 的系数为 0.443，且在 1% 的水平上显著。较高的能源消费强度意味着单位 GDP 能源消耗量及二氧化碳排放量的增多，而能源消费强度增高对碳排放强度的提升作用会完全抵消 FDI 对碳排放强度的降低作用。就 1997～2012 年的均值而言，东部地区有八省（市）的能源消费强度均小于第一个门槛值 1.45 吨/万元。而在西部地区，除重庆外，其余省（区）的能源消费强度均处于 1.45 吨/万元至 3.84 吨/万元之间，由此可见，中部、西部地区过高的能源消费强度显著阻碍了 FDI 对碳排放强度的降低作用。

（7）人力资本水平。

表 6-1 和图 6-6 显示，人力资本水平（HC）在 1% 的显著性水平上存在单一门槛，门槛值为 8.33 年。同样，为考察在不同的人力资本水平下 FDI 对碳排放强度的影响差异，以人力资本水平的门槛值 8.33 年为分界点，将全部样本分为小于或等于 8.33 年和大于 8.33 年两个不同区间，并在不同的区间内考察 FDI

对碳排放强度的影响。

门槛回归结果如表 6-3 所示，当人均受教育年限低于 8.33 年时，FDI 对我国碳排放强度表现出显著的阻碍作用，此时，FDI 每增加 1%，我国的碳排放强度会提高 0.678%，而当人均受教育年限高于 8.33 年时，FDI 的系数为由 0.678 变为 -0.848，并在 1% 的水平上显著，这说明随着人均受教育年限增长，人力资本水平不断提高，FDI 的增多显著降低了中国的碳排放强度，此时，FDI 每增加 1%，碳排放强度就会下降 0.848%。人力资本在 FDI 与碳排放强度之间存在显著门槛效应的主要原因是，人力资本水平的高低直接影响着技术创新水平及 FDI 技术溢出的吸收能力，同时，人力资本还是影响环境规制执行力度的重要因素，较低的人力资本水平，意味着教育水平的低下，这将会显著降低环境规制的执行力度（Stern and Dietz, 2002）。就人均受教育年限而言，低于门槛值 8.33 年的 11 个省（市、区）中，除了东部的福建和中部的安徽，其余均在西部地区。从模型回归结果看，人力资本水平的区域差异可能也是导致 FDI 对碳排放强度的影响产生区域差异主要因素之一。

6.4 本章小结

本章通过构建面板数据门槛模型，以 1997~2012 年中国 30 个省（市、区）的面板数据为样本，利用汉森（Hansen, 1999）提出的面板门槛回归模型，从 FDI、人均收入水平、环境规制强度、能源消费结构、能源消费强度、产业结构、城镇化水平、技术创新水平、人力资本水平等方面，检验了 FDI 对中国碳排放强度影响的门槛效应。

实证结果表明，FDI 对我国碳排放强度的影响存在显著的非线性门槛特征。就 FDI 而言，显著存在双重门槛，当利用 FDI 的规模较小时，FDI 的进入并不能降低碳排放强度，随着 FDI 利用规模的扩大，FDI 对碳排放强度的影响逐渐由正变负。就人均收入水平、环境规制强度、能源消费结构、能源消费强度、产业结构、城镇化水平、技术创新水平、人力资本水平等变量而言，人均收入水平、城镇化水平、技术创新水平、人力资本水平均显著存在单一门槛，环境规制、能源消费强度、能源消费结构、产业结构具有显著的双门槛特征。当人均收入水平、环境规制强度、产业结构、城镇化水平、技术创新水平、人力资本水平门槛变量越过相应的门槛值，能源消费结构和处于能源消费强度相应门槛值下方时，FDI 的进入可以有效降低碳排放强度。

第7章

研究结论及政策建议

7.1 主要结论

在 FDI 大举进入、碳减排压力日益增加的背景下，FDI 与中国碳排放强度之间关系的研究在学术界受到越来越多的关注和讨论，但现有研究尚未对 FDI 与碳排放强度之间的关系得出一致结论。本书以此为切入点，通过对现有 FDI 与碳排放强度之间关系的经典研究成果及相关理论假说进行梳理回顾，从理论上分析了 FDI 对碳排放强度影响的作用机制，在对 FDI 与碳排放强度的发展现状进行分析的基础上，以 1997～2012 年中国 30 个省（市、区）的面板数据为考察样本，通过构建 FDI 对碳排放强度作用的理论机制，并采用动态面板数据模型、联立方程组模型和面板数据门槛模型等多种计量分析和实证检验方法，分别从全国整体层面、区域层面就 FDI 对中国碳排放强度的影响及影响的传导渠道、区域差异及门槛效应进行了实证检验和规范分析。本书尝试揭示 FDI 对中国碳排放强度影响的内在机理，并为如何充分利用 FDI 在促进发展经济的同时降低碳排放强度、实现中国低碳经济转型提供现实指导。研究形成的结论归纳如下：

第一，在全国整体层面上，FDI 的进入对中国碳排放强度具有显著的降低作用；FDI 对碳排放强度的影响主要通过规模效应、结构效应和技术效应等不同渠道，且在不同的渠道下对碳排放强度的影响不同。

①基于全国整体层面的实证分析结果表明，在分步引入本书选取的所有控制变量后，FDI 对碳排放强度影响的系数仍显著为负，这说明在控制影响碳排放强

度的其他关键因素后，FDI 的进入对中国碳排放强度仍具有显著的降低作用。从控制变量系数及其显著性水平的变化来看，在样本考察期内，人均收入水平、环境规制强度和城镇化水平的提高有利于碳排放强度的降低，研发投入强度的提高对碳排放强度虽有降低作用，但在统计上并不显著，而第二产业增加值占比、能源消费结构、能源消费强度的提升显著阻碍了碳排放强度的降低，同时，目前的金融发展水平和人力资本水平对碳排放强度的作用与预期不符，二者水平的提高并没有降低碳排放强度，反而提高了中国的碳排放强度。

②联立方程组模型实证分析表明，经济规模、经济结构和技术创新水平是 FDI 对碳排放强度产生影响的重要渠道。FDI 引致的经济规模扩大和技术水平提高均显著降低了中国碳排放强度，而在结构效应方面，由于中国仍处于经济发展的初级阶段，FDI 过多地投入到资本密集型行业阻碍了中国碳排放强度的下降。尽管 FDI 通过规模效应、结构效应和技术效应三种渠道对碳排放强度影响的大小及作用方向不同，就 FDI 对碳排放强度影响的总效应而言，FDI 的进入显著降低了中国碳排放强度，即其总效应为负，FDI 每增加 1%，中国的碳排放强度会下降 0.152%。

第二，中国利用 FDI 以及碳排放强度存在明显的地区差异，同时，FDI 对中国碳排放强度的影响在三大区域层面具有显著差异。

①中国利用 FDI 和碳排放强度的 Dagum 基尼系数测算结果表明，就 FDI 而言，FDI 在中国省域层面具有显著的地区差异，但这种差异正在逐步减小，从东部、中部、西部三大区域看，东部与西部、中部与西部地区之间的差距有继续扩大之势，而东部与中部地区之间的差距在逐渐缩小；就三大区域内部而言，东部地区内部的差距逐渐减小，中部地区和西部各省之间的差距则持续扩大；就碳排放强度而言，中国省域层面碳排放强度的基尼系数说明，碳排放强度的地区差距在不断扩大，在东部、中部、西部三大区域间，东部与西部、中部与西部地区之间的差距也在扩大，而东部与中部地区之间的差距在逐渐缩小，就三大区域内部而言，东部地区和中部地区内部的差距不断减小，但西部各省之间的碳排放强度差距仍在扩大；从地区差异的贡献率看，FDI 和碳排放强度的地区差异均主要来源于东部、中部、西部三大区域的区域间差异，而区域内差异和超变密度对整体差异贡献较小。

②从区域角度的实证分析表明，FDI 对碳排放强度的影响在三大区域存在显著差异。就东部地区而言，FDI 对碳排放强度具有显著降低作用；就中部地区而言，FDI 对碳排放强度虽具有一定的降低作用，但作用并不显著；而对西部地区来说，FDI 的进入并没有降低碳排放强度，相反，FDI 与碳排放强度在西部地区

具有显著的正相关关系，且在逐步加入所有控制变量后，FDI 对碳排放强度影响的区域差异并没有发生显著的改变。

第三，FDI 对中国碳排放强度的影响会因为 FDI 利用规模、人均收入水平、环境规制强度、能源消费结构、能源消费强度、产业结构、城镇化水平、技术创新水平、研发投入强度、人力资本水平等方面的不同而具有显著的非线性门槛特征。

①面板数据门槛模型实证结果表明，在不同的利用规模下，FDI 对碳排放强度的影响存在显著差异。当 FDI 利用规模小于62.883 亿元时，FDI 的进入并不能降低碳排放强度；当 FDI 利用规模处于62.883 亿元和 171.05 亿元之间时，FDI 的进入虽可以在一定程度上降低碳排放强度，但作用并不显著；而当 FDI 利用规模大于 171.05 亿元时，FDI 的进入可以有效降低碳排放强度。这说明，FDI 的进入对中国碳排放强度的影响具有显著的区间差异，只有当实际利用 FDI 超过一定门槛值时，才能对碳排放强度的降低发挥积极的作用。

②人均收入水平、环境规制强度、能源消费结构、能源消费强度、产业结构、城镇化水平、技术创新水平、研发投入强度、人力资本水平等门槛变量在 FDI 与中国碳排放强度之间的非线性关系中发挥着重要的作用。在人均收入方面，当人均收入水平较低时，FDI 的进入显著提高了碳排放强度，随着人均收入水平的提高，这种促进作用开始减弱，并变得不再显著，而当人均收入水平超越一定门槛值时，FDI 的进入可以有效降低碳排放强度。在环境规制强度方面，当环境规制强度较低时，FDI 的进入在某种程度上提高了碳排放强度，而随着环境规制强度的提升，FDI 对碳排放强度的作用逐渐由轻微地提高转变为显著地降低。在技术创新水平、第三产业占比、人力资本水平和城镇化水平方面，当技术创新水平、第三产业占比、人力资本水平和城镇化水平较低时，FDI 的进入对碳排放强度的降低作用并不明显，甚至会提升碳排放强度，而当技术创新水平、第三产业占比、人力资本水平和城镇化水平达到或超过一定门槛值时，FDI 的进入则会显著降低碳排放强度。在能源消费方面，当煤炭消费比例和能源消费强度过高时，FDI 的进入显著提升了碳排放强度，而随着煤炭消费比例和能源消费强度的降低，FDI 对碳排放强度的作用发生了逆转，此时，FDI 的进入会显著降低碳排放强度。

综合以上研究结论，本书认为，FDI 对碳排放强度的影响受多种因素和条件的制约。由于中部、西部地区吸引 FDI 的能力较差，且在研发投入、技术创新水平、能源消费强度、人力资本积累、产业结构、能源消费结构等方面的不足，严重制约了 FDI 对中部、西部地区碳排放强度降低作用的发挥，使中部、西部地区在一定程度上成为 FDI 对碳排放影响的"污染避难所"。对于东部地区而言，无论是在 FDI 利用规模方面，还是在研发投入、技术创新水平、人力资本积累等方面都占有绝对的优势，从而为 FDI 对降低碳排放强度作用的发挥创造了良好的外部条件，最终实现 FDI 对碳排放强度影响的"光环效应"。因此，FDI 与碳排放强度之间并不是一成不变的线性关系，而是受众多因素影响的非线性关系。FDI并不会始终降低或提高碳排放强度，而是当 FDI 利用达到一定规模的情况下，且相关门槛变量满足一定的门槛条件时，FDI 才能对碳排放强度的降低发挥出积极的作用。

7.2 政策建议

本书在总结改革开放以来中国利用 FDI 及碳排放强度现状的基础上，综合运用了多种计量分析方法，实证研究了 FDI 对中国碳排放强度的作用效果和机制，并就 FDI 对碳排放强度影响产生非线性关系的原因进行了深入分析和研究。结合本书的研究结论可知，FDI 在全国整体层面上对碳排放强度具有显著的降低作用，就 FDI 对碳排放强度影响的渠道而言，FDI 的规模效应和技术效应可以有效降低碳排放强度，而 FDI 的结构效应却提高了碳排放强度。在区域层面，不同的区域 FDI 对碳排放强度的影响具有显著的差异。在经济基础好、产业结构合理、人力资本水平、技术创新水平高和煤炭消费占比少、能源消费强度低的东部地区，FDI 的进入降低了该地区碳排放强度；对处于中间状态的中部地区来说，FDI 的进入对降低该地区的碳排放强度作用十分有限；而对于基础条件较差的西部地区而言，FDI 的进入显著提高了该地区的碳排放强度。同时，实证结果也表明，FDI 的均衡利用、人均收入水平、环境规制强度、人力资本水平、城镇化水平、产业结构、能源消费结构、能源消费强度、研发投入强度等因素在 FDI 与碳排放强度之间的非线性关系中发挥着重要的作用。因此，为充分发挥 FDI 降低碳排放强度的积极作用，强化 FDI 的碳减排效应，本书提出以下具有针对性的政策建议。

7.2.1 实施差异化引资政策，促进 FDI 的均衡利用

FDI 对中国碳排放强度影响的门槛效应分析表明，在 FDI 尚未达到一定规模

时，FDI 对碳排放强度的降低起阻碍作用，而当 FDI 超越某一门槛值时，FDI 可以显著降低碳排放强度，即在不同的投资规模下，FDI 对碳排放强度的影响具有显著差异。而对于中国来说，FDI 在三大区域的分布具有显著的非均衡性，呈现出"东高西低"的分布格局，广大中部、西部地区仍未达到发挥 FDI 的碳减排效应的门槛值。因此，若要提高 FDI 对中国碳排放强度降低的促进作用，就要解决外资直接投资区域分布的非均衡问题。

首先，要加大政策倾斜，引导和鼓励 FDI 投向中部、西部地区。伴随着中部崛起战略和西部大开发战略的实施及一系列投资优惠政策的落实，中部、西部地区利用 FDI 的规模和增速都有明显变化，但是与东部地区相比仍有较大差异。因此，政府在引资政策方面应加大向中部、西部地区倾斜，制定更多的优惠条件，给予中部、西部地区更大的自主审批权，以强化中部、西部地区的招商引资力度，进而吸引更多的 FDI 投向部中部、西部地区，使中部、西部地区超越 FDI 碳排放效应的"负面门槛"，积极发挥 FDI 降低中部、西部地区碳排放强度的正面环境效应，以此有效促进中国整体碳排放强度的降低。对东部地区而言，要继续保持吸收 FDI 的优势，同时，还要加大对 FDI 在碳减排方面的规制力度，减少FDI 带来的二氧化碳排放，降低外资企业的碳排放强度。

其次，应进一步加强中部、西部地区的投资环境建设，建立科学的区域协调机制，加强对外宣传。一是加强中部、西部地区的交通、通信等基础设施建设，优化 FDI 的外部环境，充分发挥中部、西部地区的人力资源优势，积极引导劳动密集型 FDI 投向中部、西部地区；二是建立吸引 FDI 的区域协调机制，充分利用西部大开发战略和中部崛起战略，科学合理地引导 FDI 在区域间转移；三是要加大对中部、西部地区的宣传。由于中部、西部地区所处地理位置原因，相对于东部地区来说显得相对封闭，发达国家和地区对中部、西部地区的文化特色和引资政策缺乏全面客观的了解。因此，要加大对中部、西部地区的宣传力度，扬长避短，让更多的发达国家和地区深入了解中国中部、西部地区的相关招商引资政策，从而积极地向中部、西部地区投资。

7.2.2　加大环境规制强度，提高 FDI 利用质量

"污染光环"假说认为，适当提高环境规制强度，有利于促进技术创新，同时，还可以有效避免东道国成为发达国家对外投资的"污染避难所"。门槛效应分析表明，在地区环境规制强度水平较高时，FDI 可以有效降低中国的碳排放强

度。因此，要促使 FDI 对中国碳排放强度的下降发挥积极的正面效应，就要提高 FDI 进入中国的环境规制强度，重视引资与环境的协调发展，提高 FDI 的利用质量。

首先，要完善环境规制体系，提高环境规制强度。环境规制强度的高低不仅是指环境规制措施的多少，而是与环境规制体系是否完善有关。完善的环境规制体系，在环境规制政策的制定方面，除命令与控制型环境规制政策外，政府要更多地制定具有灵活性、激励性的市场型和信息披露型环境规制政策，以降低规制俘获的可能性；在环境规制执行方面，要健全环境执法机构建设，加强部门之间联系，建立强有力的环境规制执行机构，完善相关法律法规，从法律上赋予环境规制执行机构更大的执法权；在环境规制执行的监管方面，要加强环境规制机构的内部监督，明确环境规制的执行尺度和执行程序，强化社会监督，立法机关及各级政府应积极制定相关法律法规，完善公众参与的法律机制，鼓励公众对企业和规制机构进行有效的社会监督；在违反环境规制的惩戒方面，应制定严格环保护法规，给予违反环境规制的企业更为严厉的制裁，提高其违反环境规制的成本，以降低企业违反环境规制的可能。

其次，要转变引资观念，提高 FDI 的利用质量，促进外资经济与环境的协调发展。因此，地方政府要改变重引资、轻环保的发展观念，做到地方政府的环境规制与引资政策相协调，通过引资政策与环境规制的激励相容以吸引高质量的 FDI。在引进 FDI 时，强化政府的环境意识，积极引导 FDI 向高新技术和低碳环保领域拓展，引入高效益、低污染、低排放的 FDI，以实现 FDI 利用与环境保护相协调。同时，还要坚持以科学发展观为指导，将引资模式由数量型向质量型转变，强化 FDI 质量意识。相关主管部门要对 FDI 项目的碳排放效应进行综合评估，严格限制高耗能、高污染和高排放的"三高"项目的进入。将 FDI 的利用模式从以单纯弥补资金缺口为主转移到参与国际分工、优化资源配置、产业结构调整和实现区域经济与环境的协调发展上来，以提高 FDI 的引进质量。

7.2.3 加大自主创新力度，提高 FDI 技术外溢的吸收能力

技术创新水平是影响中国碳排放强度的关键因素，它可以通过降低生产过程中的能源消耗、优化能源资源的配置和提高能源利用效率等途径降低碳排放强度（张兵兵等，2014）。本书实证检验结果也表明，技术创新水平既是 FDI 降低中国碳排放强度的主要渠道，也是 FDI 对碳排放强度产生非线性影响的重要门槛变

量。而技术创新主要来源于两大渠道（张爱玲，2012）：自主创新和对外资技术溢出的消化、吸收与再创新。同时，自主创新能力还会对外资技术溢出的吸收能力产生影响，即较高的自主创新能力能够更好地消化和吸收 FDI 的技术溢出，促进 FDI 技术效应的发挥，进而降低中国的碳排放强度。

首先，要加大自主创新投入力度，增强自主创新能力。随着经济的快速发展，我国将更多资金投入到技术研发领域，技术水平有了长足的进步，在个别领域已处于世界领先水平。但从整体上来看，我国目前的技术研发投入水平与西方发达国家仍存在较大的差距，2012 年，我国的研发投入强度（研究与发展经费内部支出占当年 GDP 比重）仅为 1.98%，远低于同期发达国家的投入强度，例如，美国的 2.79%、日本的 3.35% 和韩国的 4.36%。[①] 技术水平较低的发展中国家，要想以更快的速度实现技术进步，缩短与发达国家的技术差异，仅仅依靠外部因素是不够的，更重要的是应加大对国内研发的投入力度，增强自主创新能力。

其次，要加大人力资本投资，增强对外资技术外溢的吸收能力。在知识经济时代，人力资本是实现技术创新的重要载体，既是提升自主创新能力的关键因素，也是制约 FDI 技术溢出效应发挥的重要因素。现阶段，我国人力资本整体水平有待提高，并且在三大区域间具有较大差异。西部地区的人力资本水平明显低于东部、中部地区。因此，为增强技术外溢的吸收能力，各地应加大对人力资本的投资力度，促进人力资本积累，提升人力资本水平，缩小区域间人力资本差距。一是要发挥政府在人力资本投资中的主体作用，各级政府应继续提高教育经费支出占财政总支出的比例，以弥补由市场失灵而导致的人力资本投资不足的局面；二是应加大中央财政向西部地区教育专项资金的转移支付力度；三是应积极拓宽教育投融资渠道，健全财政扶持政策，充分发挥财政的补偿机制作用，鼓励和引导社会资本投向基础教育、职业教育和高等民办教育领域，尤其是要加大针对中、西部贫困地区和教育资源短缺地区的投资。

7.2.4 优化产业结构，强化 FDI 的产业导向

前面实证结果显示，第三产业的快速发展可以有效降低中国的碳排放强度，同时，门槛效应模型回归结果表明，FDI 对中国碳排放强度的降低作用，会随着

---

① 数据来源于：OECD，Main Science and Technology Indicators database，2014，7.

第三产业占国民生产总值比重的增加而加强。目前，我国第三产业发展整体水平不高，尤其是西部地区各省（市、区）第三产业的发展较为迟缓。因此，降低中国碳排放强度，就要优化现有的产业结构，制定积极的引资政策，强化 FDI 的产业流向，促使更多的 FDI 投向第三产业，加速推进我国第三产业发展。

首先，要优化产业结构，促进产业结构升级。目前，第二产业的发展仍是实现工业现代化的有力支撑和推动经济发展的重要保障，同时也是中国二氧化碳排放的主要来源，第二产业的发展往往会提高碳排放强度。因此，政府部门应采取积极的措施加快实施对第二产业的低碳化改造、淘汰落后的生产技术、积极开发和引进低碳绿色的生产技术，大力推进第三产业的发展，同时，还要优化第三产业的内部结构，提高服务业的发展水平，降低房地产及交通运输业在第三产业中的比重，以降低中国的碳排放强度。

其次，应调整外资政策，强化外资流入导向。强化 FDI 的产业流向，要积极贯彻和落实《外商投资产业指导目录》和《鼓励外商投资高新技术产品目录》等外商投资政策，并根据实际情况进一步调整吸引 FDI 的相关政策，鼓励 FDI 流向高附加值产业、高新技术产业、低碳环保产业，积极参与传统产业的低碳化改造升级，积极发挥外资在技术创新、制度创新和市场需求创新方面的先导作用；同时，还要逐渐放宽投资领域，加速开放服务业，并按照世贸组织（WTO）对中国入世的要求，逐步开放第三产业，积极引导 FDI 向现代服务业流动，加速 FDI 投向第三产业，尤其是要积极制定相关政策引导 FDI 向金融业、咨询业等知识型服务业，促进服务业的结构升级。

7.2.5　优化能源结构，提高能源利用效率

实证结果显示，能源消费结构（煤炭消费量占能源消费总量的比重）和能源消费强度对中国碳排放强度具有显著的正向影响，同时，FDI 对降低碳排放强度作用的发挥也会随着煤炭消费占能源消费比重和能源消费强度的降低而提高。因此，要发挥 FDI 对碳排放强度的降低作用，就必须优化能源消费结构、减少煤炭等化石能源的消费量、提高能源利用效率、降低能源消费强度。

首先，要优化能源消费结构，减少化石能源消费。一要降低煤炭消费比重，相关部门应积极制订煤炭减量替代方案，提高煤炭洗选加工比例，鼓励优质煤炭进口，限制高灰、高硫劣质煤炭的使用，同时，还要完善天然气利用政策，增加常规天然气的生产供应，采取激励机制鼓励高耗能企业积极进行"煤改气"，增

加天然气的使用，减少煤炭消费量，重点关注煤层气、页岩气等新型天然气开采与使用。二要加大清洁能源开发力度，扩大清洁能源使用范围。积极开发水电资源，注重提升水资源效能的合理开发和利用。有序发展风电，制订、完善并实施可再生能源电力配额及全额保障性收购等管理办法，逐步降低风电成本，优化风电开发布局，加快中东部和南方地区风能资源开发。加快发展太阳能发电，积极落实光伏产业相关指导意见，加强光伏发电并网服务、保障性收购等全过程监管，确保补贴资金及时到位。积极推进生物质能和地热能开发利用，适时启动核电重点项目审批，稳步推进沿海地区核电建设，制订核燃料技术发展总体战略规划，保障核电安全高效可持续发展。

其次，要提高能源利用效率，降低能源消费强度。一要把发展低碳经济作为提高能源利用效率的主要抓手。通过转变经济发展方式，改变能源消费模式，开展体制与技术创新，走新型工业化道路。改造和整顿高耗能产业，通过税收减免等方法鼓励企业实施节能技术改造与更新，引进高效节能设备，大力推行循环经济，扩大新能源的使用，提高能源利用效率，以缓解能源消费对碳排放强度降低的阻碍作用。二要提高城镇能源利用效率，提升城镇能源消费质量。城镇人口不断膨胀及大量基础设施的建造直接导致城镇能源消费量迅速攀升，提高城镇能源利用效率也是提高我国整体能源利用效率的重要支撑。因此，在大力推进城镇化的同时，要结合城镇资源与环境的承载能力，科学合理地规划城镇发展模式，采用集约型、功能性和复合型的城镇化发展模式，控制能源消费总量，提高能源消费质量。三要健全和完善相应的能源资源、产品价格和税费政策，充分运用市场机制管理能源消费和实现节能减排，促进能源利用方式变革，形成合理控制能源消费和节能减排的长效机制，最终实现能源利用效率的提高。

7.3　研究展望

根据联合国贸易和发展会议公布数据显示，2014 年，我国 12 年来首次超越美国，成为世界吸收外资最多的国家，FDI 的进入在推动我国经济发展的同时也带来大量的二氧化碳排放。因此，研究 FDI 对中国碳排放强度的影响在我国具有重要的现实意义。本书试图通过理论阐释和实证检验，全面揭示 FDI 对中国碳排放强度的影响。尽管笔者在大量文献学习和资料收集的基础上，针对 FDI 对中国碳排放强度的影响做了尽可能严谨深入的分析，并得到了一些研究成果，但由于研究条件和理论水平的限制，本书仍存在一些不足及可扩展的地方，这也为后续研究指明了方向。

首先，尽管本书专注于 FDI 对中国碳排放强度影响的理论分析和实证考察，但本书仅利用省际面板数据，对二者之间的非线性关系进行研究，而没有考虑省域间的空间因素。但作为地区间差距较大，交流日益频繁的国家，传统的面板数据不能反映出 FDI 与碳排放强度之间的空间差异，二者之间可能存在某种空间上的联系。因此，运用空间计量经济学方法，将空间因素纳入二者之间关系的研究中，能够更加全面地揭示 FDI 与碳排放强度之间的非线性关系，进而能够为更好地发挥 FDI 对中国碳排放强度的降低作用创造条件，同时，这也是一个值得我们在今后的研究中进行深入探讨的重要方面。

其次，尽管本书在现有的研究框架下，通过建立联立方程组模型就 FDI 对中国碳排放强度影响的传导渠道进行了初步理论分析与实证检验，发现 FDI 通过不同的渠道对中国碳排放强度的影响存在显著的差异，但是本书并未对 FDI 通过不同渠道对中国碳排放强度影响存在差异的原因进行深入分析。因此，未来进一步就 FDI 对中国碳排放强度的传导渠道进行全面、深入的分析，并对不同渠道产生差异的原因做出实证检验，将会是一个值得深入研究和分析的重要方向。

最后，中国大陆（内地）吸引的 FDI 主要来源于欧、美、日、加等发达国家和我国港、澳、台地区。前者主要是以市场为导向的 FDI，该类投资主要是看中我国大陆（内地）巨大市场潜力，因此，该类 FDI 带来的技术水平相对较高，有利于环境质量的提高，后者的主要目的是利用中国大陆（内地）相对廉价的人力资本，把中国大陆（内地）作为出口生产基地，其产品技术含量不高。此外，FDI 的投资方式主要有中外合资、中外合作经营和外商独资三种，不同的投资方式在管理结构、风险控制等方面存在差异。因此，在未来的研究中如何区分不同来源地、不同投资方式的 FDI 对中国碳排放强度影响的差异及其传导机制具有重要意义，也是笔者继续努力的方向之一。

参考文献

[1] 朱勤，彭希哲，吴开亚. 基于结构分解的居民消费品载能碳排放变动分析 [J]. 数量经济技术经济研究，2012 (01)：65 – 77.

[2] 张旺，周跃云. 基于结构分解法的北京市能源碳排放增量分析 [J]. 资源科学，2013 (02)：275 – 283.

[3] 李新运，吴学锰，马俏俏. 我国行业碳排放量测算及影响因素的结构分解分析 [J]. 统计研究，2014 (01)：56 – 62.

[4] 宋佩珊，计军平，马晓明. 广东省能源消费碳排放增长的结构分解分析 [J]. 资源科学，2012 (03)：551 – 558.

[5] 黄敏. 中国消费碳排放的测度及影响因素研究 [J]. 财贸经济，2012 (03)：129 – 135.

[6] 唐德才，王云，仲凤霞等. 基于 IO-SDA 模型的广东省外贸隐含碳的分解分析 [J]. 中国科技论坛，2014 (01)：140 – 146.

[7] 庄宗明，卫瑞. 中国碳排放变动趋势及其影响因素——基于（进口）非竞争型投入产出表的分析 [J]. 厦门大学学报（哲学社会科学版），2014 (05)：107 – 116.

[8] 王锋，吴丽华，杨超. 中国经济发展中碳排放增长的驱动因素研究 [J]. 经济研究，2010 (02)：123 – 136.

[9] 杨红娟，李明云，刘红琴. 云南省生产部门碳排放影响因素分析——基于 LMDI 模型 [J]. 经济问题，2014 (02)：125 – 129.

[10] 邵帅，杨莉莉，曹建华. 工业能源消费碳排放影响因素研究——基于 STIRPAT 模型的上海分行业动态面板数据实证分析 [J]. 财经研究，2010 (11)：16 – 27.

[11] 吴振信，石佳. 基于 STIRPAT 和 GM（1，1）模型的北京能源碳排放影响因素分析及趋势预测 [J]. 中国管理科学，2012 (S2)：803 – 809.

[12] 马晓钰，李强谊，郭莹莹. 我国人口因素对二氧化碳排放的影响——基于 STIRPAT 模型的分析 [J]. 人口与经济，2013 (01)：44 – 51.

[13] 郑凌霄，周敏. 技术进步对中国碳排放的影响——基于变参数模型的实证分析 [J]. 科技管理研究，2014 (11)：215 – 220.

［14］杨骞，刘华军．中国二氧化碳排放的区域差异分解及影响因素——基于 1995～2009 年省际面板数据的研究［J］．数量经济技术经济研究，2012（05）：36－49.

［15］刘华军．城市化对二氧化碳排放的影响——来自中国时间序列和省际面板数据的经验证据［J］．上海经济研究，2012（05）：24－35.

［16］何小钢，张耀辉．中国工业碳排放影响因素与 CKC 重组效应——基于 STIRPAT 模型的分行业动态面板数据实证研究［J］．中国工业经济，2012（01）：26－35.

［17］童玉芬，韩茜．人口变动在大城市碳排放中的作用与影响——以北京市为例［J］．北京社会科学，2013（02）：113－119.

［18］任海军，刘高理．不同城市化阶段碳排放影响因素的差异研究——基于省际面板数据［J］．经济经纬，2014（05）：1－7.

［19］籍艳丽，邰元兴．二氧化碳排放强度的实证研究［J］．统计研究，2011（07）：37－44.

［20］陈英姿．东北地区碳排放强度驱动效应测度研究［J］．求是学刊，2012（05）：38－43.

［21］梁洁，史安娜，朱恒金．江苏省碳排放强度变化趋势及其影响因素分析［J］．南京社会科学，2013（05）：143－148.

［22］孙欣，张可蒙．中国碳排放强度影响因素实证分析［J］．统计研究，2014（02）：61－67.

［23］周五七，聂鸣．中国碳排放强度影响因素的动态计量检验［J］．管理科学，2012（05）：99－107.

［24］刘广为，赵涛．中国碳排放强度影响因素的动态效应分析［J］．资源科学，2012（11）：2106－2114.

［25］刘广为，赵涛，米国芳．中国碳排放强度预测与煤炭能源比重检验分析［J］．资源科学，2012（04）：677－687.

［26］郑欢，李放放，方行明．规模效应、结构效应与碳排放强度——基于省级面板数据的经验研究［J］．管理现代化，2014（01）：54－56.

［27］代迪尔，李子豪．外商直接投资的碳排放效应——基于中国工业行业数据的研究［J］．国际经贸探索，2011（05）：60－67.

［28］郭沛，张曙霄．中国碳排放量与外商直接投资的互动机制——基于 1994～2009 年数据的实证研究［J］．国际经贸探索，2012（05）：59－68.

［29］牛海霞，胡佳雨．FDI 与我国二氧化碳排放相关性实证研究［J］．国际贸易问题，2011（05）：100 - 109.

［30］熊立，许可，王珏．FDI 为中国带来低碳了吗——基于中国 1985 ~ 2007 年时间序列数据的实证分析［J］．宏观经济研究，2012（05）：68 - 75.

［31］王道臻，任荣明．外国直接投资、经济规模与二氧化碳排放关系研究［J］．经济问题，2011（10）：50 - 53.

［32］林基，杨来科．外资与内资对我国碳排放影响的对比研究——基于省际面板数据的经验考察［J］．华东师范大学学报（哲学社会科学版），2014（02）：125 - 130.

［33］谢文武，肖文，汪滢．开放经济对碳排放的影响——基于中国地区与行业面板数据的实证检验［J］．浙江大学学报（人文社会科学版），2011（05）：163 - 174.

［34］刘华军，闫庆悦．贸易开放、FDI 与中国 CO_2 排放［J］．数量经济技术经济研究，2011（03）：21 - 35.

［35］肖明月，方言龙．FDI 对中国东部地区碳排放的影响——基于 STIRPAT 模型的实证分析［J］．中央财经大学学报，2013（07）：59 - 64.

［36］杨树旺，杨书林，魏娜．不同来源外商直接投资对中国碳排放的影响研究［J］．宏观经济研究，2012（09）：19 - 26.

［37］郭炳南，魏润卿，程贵孙．外商直接投资、城市化与中国 CO_2 排放——来自时间序列和省际面板数据的经验证据［J］．山西财经大学学报，2013（08）：12 - 20.

［38］姚奕，倪勤．中国地区碳强度与 FDI 的空间计量分析——基于空间面板模型的实证研究［J］．经济地理，2011（09）：1432 - 1438.

［39］姚奕，倪勤．外商直接投资、自主研发与碳强度——基于我国省级面板数据的实证分析［J］．软科学，2011（12）：19 - 24.

［40］姚奕．外商直接投资对中国碳强度的影响研究［D］．南京航空航天大学，2012.

［41］姚奕，倪勤．外商直接投资对碳强度的影响——基于中国省级动态面板数据的实证研究［J］．数理统计与管理，2013（01）：113 - 122.

［42］陈继勇，彭巍，胡艺．中国碳强度的影响因素——基于各省市面板数据的实证研究［J］．经济管理，2011（05）：1 - 6.

［43］谭蓉娟．FDI 强度与珠三角装备制造业低碳化转型发展——基于投入产

出与面板数据的实证研究 [J]. 国际贸易问题, 2012 (02): 81 – 91.

[44] 赵皋. 我国碳生产率增长的长期关系和短期效应——基于面板协整研究 [J]. 软科学, 2014 (06): 70 – 74.

[45] 孙耀华, 仲伟周. 中国省际碳排放强度收敛性研究——基于空间面板模型的视角 [J]. 经济管理, 2014 (12): 31 – 40.

[46] 许广月, 宋德勇. 中国碳排放环境库兹涅茨曲线的实证研究——基于省域面板数据 [J]. 中国工业经济, 2010 (05): 37 – 47.

[47] 高宏霞, 杨林, 付海东. 中国各省经济增长与环境污染关系的研究与预测——基于环境库兹涅茨曲线的实证分析 [J]. 经济学动态, 2012 (01): 52 – 57.

[48] 冯烽, 叶阿忠. 中国的碳排放与经济增长满足 EKC 假说吗?——基于半参数面板数据模型的检验 [J]. 预测, 2013 (03): 8 – 12.

[49] 胡宗义, 刘亦文, 唐李伟. 低碳经济背景下碳排放的库兹涅茨曲线研究 [J]. 统计研究, 2013 (02): 73 – 79.

[50] 李小胜, 宋马林, 安庆贤. 中国经济增长对环境污染影响的异质性研究 [J]. 南开经济研究, 2013 (05): 96 – 114.

[51] 许和连, 邓玉萍. 外商直接投资导致了中国的环境污染吗?——基于中国省际面板数据的空间计量研究 [J]. 管理世界, 2012 (02): 30 – 43.

[52] 徐圆. 从中国进口高污染品是否改善了发达国家的国内环境?——基于细分行业贸易数据的经验分析 [J]. 财经论丛, 2014 (09): 9 – 15.

[53] 李小平, 卢现祥. 国际贸易、污染产业转移和中国工业 CO_2 排放 [J]. 经济研究, 2010 (01): 15 – 26.

[54] 李国平, 杨佩刚, 宋文飞等. 环境规制、FDI 与"污染避难所"效应——中国工业行业异质性视角的经验分析 [J]. 科学学与科学技术管理, 2013 (10): 122 – 129.

[55] 林季红, 刘莹. 内生的环境规制:"污染天堂假说"在中国的再检验 [J]. 中国人口资源与环境, 2013, 23 (01): 13 – 18.

[56] 张晓莹. 环境规制对直接投资影响机理研究——基于制度差异的视角 [J]. 经济问题, 2014 (04): 29 – 34.

[57] 陈建国, 迟诚, 杨博琼. FDI 对中国环境影响的实证研究——基于省际面板数据的分析 [J]. 财经科学, 2009 (10): 110 – 117.

[58] 盛斌, 吕越. 外国直接投资对中国环境的影响——来自工业行业面板

数据的实证研究［J］．中国社会科学，2012（05）：54－75．

［59］林立国，楼国强．外资企业环境绩效的探讨——以上海市为例［J］．经济学（季刊），2014（02）：515－536．

［60］何洁．外国直接投资对中国工业部门外溢效应的进一步精确量化［J］．世界经济，2000（12）：29－36．

［61］潘文卿．外商投资对中国工业部门的外溢效应：基于面板数据的分析［J］．世界经济，2003（06）：3－7．

［62］孙浦阳，武力超，陈思阳．外商直接投资与能源消费强度非线性关系探究——基于开放条件下环境"库兹涅茨曲线"框架的分析［J］．财经研究，2011（08）：79－90．

［63］傅京燕，李丽莎．环境规制、要素禀赋与产业国际竞争力的实证研究——基于中国制造业的面板数据［J］．管理世界，2010（10）：87－98．

［64］林伯强，蒋竺均．中国二氧化碳的环境库兹涅茨曲线预测及影响因素分析［J］．管理世界，2009（04）：27－36．

［65］张兵兵，徐康宁，陈庭强．技术进步对二氧化碳排放强度的影响研究［J］．资源科学，2014（03）：567－576．

［66］张军，金煜．中国的金融深化和生产率关系的再检测：1987～2001年［J］．经济研究，2005（11）：34－45．

［67］郭红燕，韩立岩．外商直接投资、环境管制与环境污染［J］．国际贸易问题，2008（08）：111－118．

［68］李锴．FDI对中国工业能源效率的影响研究［D］．武汉大学，2012．

［69］单豪杰．中国资本存量K的再估算：1952～2006年［J］．数量经济技术经济研究，2008（10）：17－31．

［70］陈相森，王海平，仲鑫．外商直接投资区域差异的泰尔指数分解及其影响因素分析［J］．北京师范大学学报（社会科学版），2012（03）：105－114．

［71］蒋庚华，郭沛．外商直接投资地区差距对碳排放的影响［J］．中国人口资源与环境，2013（03）：98－104．

［72］朱捷．我国外商直接投资地区差异研究［D］．西北农林科技大学，2009．

［73］岳超，胡雪洋，贺灿飞等．1995～2007年我国省区碳排放及碳强度的分析——碳排放与社会发展Ⅲ［J］．北京大学学报（自然科学版），2010（04）：510－516．

［74］刘华军，鲍振，杨骞. 中国二氧化碳排放的分布动态与演进趋势［J］. 资源科学，2013（10）：1925－1932.

［75］胡永泰，宋立刚. 经济增长、环境与气候变迁 中国的政策选择［M］. 北京：社会科学文献出版社，2009.

［76］郭朝先. 中国二氧化碳排放增长因素分析——基于 SDA 分解技术［J］. 中国工业经济，2010（12）：47－56.

［77］张兵兵，徐康宁，陈庭强. 技术进步对二氧化碳排放强度的影响研究［J］. 资源科学，2014（03）：567－576.

［78］张爱玲. FDI 在中国的技术外溢机制与发展趋势［M］. 北京：首都经济贸易大学出版社，2012.

［79］Ang B. W. Decomposition analysis for policymaking in energy：which is the preferred method？［J］. Energy Policy，2004，32（09）：1131－1139.

［80］Akbostancı E.，Tunç G. İ.，Türüt-Aşık S. CO$_2$ emissions of Turkish manufacturing industry：A decomposition analysis［J］. Applied Energy，2011，88（6）：2273－2278.

［81］Alves M. R.，Moutinho V. Decomposition analysis and Innovative Accounting Approach for energy-related CO$_2$（carbon dioxide）emissions intensity over 1996－2009 in Portugal［J］. Energy，2013：775－787.

［82］Acharyya J. FDI，growth and the environment：evidence from India on CO$_2$ emission during the last two decades［J］. Journal of Economic Development，2009，34（01）：43－58.

［83］Andrew K. Jorgenson C. D. Foreign Direct Investment，Environmental INGO Presence and Carbon Dioxide Emissions in Less-Developed Countries，1980 2000［J］. Revista Internacional de Organizaciones（RIO），2010（04）：129－146.

［84］Al-mulali U.，Weng-Wai C.，Sheau-Ting L.，et al. Investigating the environmental Kuznets curve（EKC）hypothesis by utilizing the ecological footprint as an indicator of environmental degradation［J］. Ecological Indicators，2015，48：315－323.

［85］Arouri M. E. H.，Youssef A. B.，M.，et al. Energy Consumption，Economic Growth and CO$_2$ Emissions in Middle East and North African Countries［J］. Energy Policy，2012，45：342－349.

［86］Alam M. J.，Begum I. A.，Buysse J.，et al. Dynamic modeling of causal relationship between energy consumption, CO_2 emissions and economic growth in India [J]. Renewable and Sustainable Energy Reviews, 2011, 15 (06): 3243 – 3251.

[87] Azomahou T., Laisney F. O., Van P. N. Economic development and CO_2 emissions: a nonparametric panel approach [J]. Journal of Public Economics, 2006, 90 (6/7): 1347 – 1363.

[88] Akbostanci E., Türüt-Asik S., Tun G. I. The relationship between income and environment in Turkey: is there an environmental Kuznets curve? [J]. Energy Policy, 2009, 37 (03): 861 – 867.

[89] Albornoz F., Cole M. A., Elliott R. J. R., et al. In Search of Environmental Spillovers [J]. World Economy, 2009, 32 (01): 136 – 163.

[90] Antweiler C. R. B. T. Is free trade good for the environment? [J]. American Economic Review, 2001 (91): 908 – 977.

[91] Ang B. W. Is the energy intensity a less useful indicator than the carbon factor in the study of climate change? [J]. Energy Policy, 1999, 27 (15): 943 – 946.

[92] Arellano M., Bond S. Some tests of specification for panel data: Monte Carlo evidence and an application to employment equations [J]. The Review of Economic Studies, 1991, 58 (02): 277 – 297.

[93] Griliches Z., Hausman J. A. Errors in variables in panel data [J]. Journal of Econometrics, 1986, 31 (01): 93 – 118.

[94] Arellano M., Bover O. Another look at the instrumental variable estimation of error-components models [J]. Journal of Econometrics, 1995, 68 (01): 29 – 51.

[95] Blundell R., Bond S. Initial conditions and moment restrictions in dynamic panel data models [J]. Journal of Econometrics, 1998, 87 (01): 115 – 143.

[96] Bond S. R., Hoeffler A., Temple J. GMM Estimation of Empirical Growth Models [R]. CEPR Discussion, 2011.

[97] Bhattacharyya S. C., Ussanarassamee A. Decomposition of energy and CO_2 intensities of Thai industry between 1981 and 2000 [J]. Energy Economics, 2004, 26 (05): 765 – 781.

[98] Brizga J., Feng K., Hubacek K. Drivers of CO_2 emissions in the former Soviet Union: A country level IPAT analysis from 1990 to 2010 [J]. Energy, 2013, 59: 743 – 753.

[99] Blanco L., Gonzalez F., Ruiz I. The impact of FDI on CO_2 emissions in

Latin America ［J］. Oxford Development Studies, 2013, 41（01）: 104 - 121.

［100］Baiocchi G. , Minx J. C. Understanding Changes in the UK's CO_2 Emissions: A Global Perspective ［J］. Environmental Science & Technology, 2010, 44（04）: 1177 - 1184.

［101］Butnar I. , Llop M. Structural decomposition analysis and input-output subsystems: Changes in CO_2 emissions of Spanish service sectors（2000 - 2005）［J］. Ecological Economics, 2011, 70（11）: 2012 - 2019.

［102］Brizga J. , Feng K. , Hubacek K. Drivers of greenhouse gas emissions in the Baltic States: a structural decomposition analysis ［J］. Ecological Economics, 2014, 98: 22 - 28.

［103］Baumol W. J. A. W. The theory of environmental policy ［M］. London: Cambridge University Press, 1988.

［104］Barro R. J. , Lee J. International Comparisons of Educational Attainment ［J］. Journal of Monetary Economics, 1993, 32（03）: 363 - 394.

［105］Bai J. Estimating multiple breaks one at a time ［J］. Econometric Theory, 1997, 13（03）: 315 - 352.

［106］Copeland B. R. , Taylor M. S. Trade, tragedy, and the commons ［R］. National Bureau of Economic Research, 2004.

［107］Casler S. D. , Rose A. Carbon Dioxide Emissions in the U. S. Economy: A Structural Decomposition Analysis ［J］. Environmental and Resource Economics, 1998, 11（3/4）: 349 - 363.

［108］Casler S. D. , Rose A. Carbon Dioxide Emissions in the U. S. Economy: A Structural Decomposition Analysis ［J］. Environmental and Resource Economics, 1998, 11（3/4）: 349 - 363.

［109］Cole M. A. , Neumayer E. Examining the Impact of Demographic Factors on Air Pollution ［J］. Population and Environment, 2004, 26（1）: 5 - 21.

［110］Cialani C. Economic growth and environmental quality: An econometric and a decomposition analysis ［J］. Management of Environmental Quality: An International Journal, 2007, 18（05）: 568 - 577.

［111］Cole M. A. Trade, the pollution haven hypothesis and the environmental Kuznets curve: examining the linkages ［J］. Ecological Economics, 2004, 48（01）: 71 - 81.

[112] Cole M. A. , Elliott R. J. R. , Fredriksson P G. Endogenous Pollution Havens: Does FDI Influence Environmental Regulations? [J] . Scandinavian Journal of Economics, 2006, 108 (01): 157 – 178.

[113] Copeland B. R. , Taylor M. S. Trade, Tragedy, and the Commons [J] . The American Economic Review, 2009, 99 (03): 725 – 749.

[114] Copeland B. R. , Taylor M. S. Trade, growth and the environment [R]. National Bureau of Economic Research, 2003.

[115] Cole M. A. , Elliott R. J. R. Determining the trade-environment composition effect: the role of capital, labor and environmental regulations [J] . Journal of Environmental Economics and Management, 2003, 46 (03): 363 – 383.

[116] Clarke-Sather A. , Qu J. , Wang Q. , et al. Carbon inequality at the subnational scale: A case study of provincial-level inequality in CO_2 emissions in China 1997 – 2007 [J] . Energy Policy, 2011, 39 (09): 5420 – 5428.

[117] Chamberlain G. Multivariate regression models for panel data [J] . Journal of Econometrics, 1982, 18 (01): 5 – 46.

[118] Dagum C. Decomposition and interpretation of Gini and the generalized entropy inequality measures [J] . Statistica-bologna, 1997 (57): 295 – 308.

[119] Dagum C. A new approach to the decomposition of the Gini income inequality ratio [J] . Empirical Economics, 1997 (22): 515 – 531.

[120] Donglan Z. , Dequn Z. , Peng Z. Driving Forces of Residential CO_2 Emissions in Urban and Rural China: An Index Decomposition Analysis [J] . Energy Policy, 2010, 38 (07): 3377 – 3383.

[121] Dietz T, Rosa E A. Effects of population and affluence on CO_2 emissions [J] . Proc Natl Acad Sci U S A, 1997, 94 (1): 175 – 179.

[122] Ebohon O. J, Ikeme A. J. Decomposition analysis of CO_2 emission intensity between oil-producing and non-oil-producing sub-Saharan African countries [J]. Energy Policy, 2006, 34 (18): 3599 – 3611.

[123] Eskeland G. S. , Harrison A. E. Moving to greener pastures? Multinationals and the pollution haven hypothesis [J] . Journal of Development Economics, 2003, 70 (1): 1 – 23.

[124] Ederington J. , Minier J. Is environmental policy a secondary trade barrier? An empirical analysis [J] . Canadian Journal of Economics/Revue Canadienne d`

Economique, 2003, 36 (01): 137 – 154.

[125] Elliott R. J. R, Shimamoto K. Are ASEAN Countries Havens for Japanese Pollution-Intensive Industry? [J]. The World Economy, 2008, 31 (2): 236 – 254.

[126] Farhani S., Mrizak S., Chaibi A., et al. The Environmental Kuznets Curve and Sustainability: A Panel Data Analysis [J]. Energy Policy, 2014, 71: 189 – 198.

[127] Fan Y., Liu L., Wu G., et al. Analyzing impact factors of CO_2 emissions using the STIRPAT model [J]. Environmental Impact Assessment Review, 2006, 26 (04): 377 – 395.

[128] Frankel J., Rose A. An estimate of the effect of common currencies on trade and income [J]. The Quarterly Journal of Economics, 2002, 117 (02): 437 – 466.

[129] Gerilla G. P., Teknomo K., Hokao K. Environmental assessment of international transportation of products [J]. Journal of the Eastern Asia Society for Transportation Studies, 2005, (6): 3167 – 3182.

[130] Greening L. A, Davis W. B., Schipper L. Decomposition of aggregate carbon intensity for the manufacturing sector: comparison of declining trends from 10 OECD countries for the period 1971 – 1991 [J]. Energy Economics, 1998, 20 (01): 43 – 65.

[131] Grossman G. M., Krueger A. B. Environmental Impacts of a North American Free Trade Agreement [R]. National Bureau of Economic Research, 1991.

[132] Grimes P., Kentor J. R. Exporting the greenhouse_ foreign capital penetration and CO_2 emissions 1980 – 1996 [J]. Journal of World-Systems Research, 2003, 9 (02): 260 – 275.

[133] Grossman G. M., Krueger A. B. Environmental impacts of a North American free trade agreement [R]. National Bureau of Economic Research, 1991.

[134] Gourieroux C., Monfort A. Statistics and econometric models [M]. London: Cambridge University Press, 1995.

[135] Jensen V. M. Trade and environment: the pollution haven hypothesis and the industrial flight hypothesis, some perspectives on theory and empirics [R]. University of Oslo, Centre for Development and the Environment, 1996.

[136] He J. Pollution haven hypothesis and environmental impacts of foreign di-

rect investment: The case of industrial emission of sulfur dioxide (SO_2) in Chinese provinces [J]. Ecological Economics, 2006, 60 (01): 228 – 245.

[137] Hamit-Haggar M. Greenhouse gas emissions, energy consumption and economic growth: a panel cointegration analysis from Canadian industrial sector perspective [J]. Energy Economics, 2012, 34 (1): 358 – 364.

[138] Halicioglu F. An econometric study of CO_2 emissions, energy consumption, income and foreign trade in Turkey [J]. Energy Policy, 2009, 37 (03): 1156 – 1164.

[139] He J., Richard P. Environmental Kuznets curve for CO_2 in Canada [J]. Ecological Economics, 2010, 69 (05): 1083 – 1093.

[140] Hubacek K., Feng K., Chen B. Changing Lifestyles Towards a Low Carbon Economy: An IPAT Analysis for China [J]. Energies, 2012, 5 (12): 22 – 31.

[141] Hoffmann D., Blazevic A., Ni P., et al. Present and future perspectives for high energy density physics with intense heavy ion and laser beams [J]. Laser and Particle Beams, 2005, 23 (01): 47 – 53.

[142] Hatzigeorgiou E., Polatidis H., Haralambopoulos D. CO_2 emissions in Greece for 1990 – 2002: a decomposition analysis and comparison of results using the Arithmetic Mean Divisia Index and Logarithmic Mean Divisia Index techniques [J]. Energy, 2008, 33 (03): 492 – 499.

[143] Hasegawa R. Regional Comparisons and Decomposition Analyses of CO_2 Emission in Japan [J]. Environ. Sci, 2006, 19 (04): 277 – 289.

[144] Hymer S. H. The international operations of national firms: A study of direct foreign investment [M]. Cambridge, MA: MIT Press, 1976.

[145] Heston A., Summers R. International Price and Quantity Comparisons: Potentials and Pitfalls [J]. The American Economic Review, 1996, 86 (02): 20 – 24.

[146] Hansen L. P. Large sample properties of generalized method of moments estimators [J]. Econometrica: Journal of the Econometric Society, 1982, 50 (04): 1029 – 1054.

[147] Hansen B. E. Threshold effects in non-dynamic panels: Estimation, testing, and inference [J]. Journal of Econometrics, 1999, 93 (02): 345 – 368.

［148］Hansen B. E. Inference when a nuisance parameter is not identified under the null hypothesis ［J］. Econometrica: Journal of the Econometric Society, 1996: 413 – 430.

［149］Hansen B. E. Inference in TAR Models ［J］. Studies in Nonlinear Dynamics & Econometrics, 1997, 2 （01）: 1 – 14.

［150］Jotzo F. , Pezzey J. C. Optimal intensity targets for greenhouse gas emissions trading under uncertainty ［J］. Environmental & Resource Economics, 2007, 38 （02）: 259 – 2884.

［151］Jorgenson A. K. The Effects of Primary Sector Foreign Investment on Carbon Dioxide Emissions from Agriculture Production in Less-Developed Countries, 1980 – 1999 ［J］. International Journal of Comparative Sociology, 2007, 48 （01）: 29 – 42.

［152］Jalil A. , Feridun M. The impact of growth, energy and financial development on the environment in China: a cointegration analysis ［J］. Energy Economics, 2011, 33 （02）: 284 – 291.

［153］Jafari Y. , Othman J. , Nor A. H. S. M. Energy consumption, economic growth and environmental pollutants in Indonesia ［J］. Journal of Policy Modeling, 2012, 34 （6）: 879 – 889.

［154］Kawase R. , Matsuoka Y. , Fujino J. Decomposition analysis of CO_2 emission in long-term climate stabilization scenarios ［J］. Energy Policy, 2006, 34 （15）: 2113 – 2122.

［155］Kerr D. , Mellon H. Energy, population and the environment: exploring Canada's record on CO_2 emissions and energy use relative to other OECD countries ［J］. Population and Environment, 2012, 34 （02）: 257 – 278.

［156］Liaskas K. Decomposition of Industrial CO_2 Emissions: The Case of European Union ［J］. Energy Economics, 2000, 22 （04）: 383 – 394.

［157］Lim H. , Yoo S. , Kwak S. Industrial CO_2 emissions from energy use in Korea: a structural decomposition analysis ［J］. Energy Policy, 2009, 37 （02）: 686 – 698.

［158］Lee J. W. The Contribution of Foreign Direct Investment to Clean Energy Use, Carbon Emissions and Economic Growth ［J］. Energy Policy, 2013, 55 （1）: 483 – 489.

［159］Lau L. , Choong C. , Eng Y. Investigation of the Environmental Kuznets

Curve for Carbon Emissions in Malaysia: Do Foreign Direct Investment and Trade Matter? [J]. Energy Policy, 2014, 68: 490 – 497.

[160] Liang F. H. Does foreign direct investment harm the host country's environment? Evidence from China [R]. Western Kentucky University, 2008.

[161] Lee C., Lee J. Income and CO_2 emissions: evidence from panel unit root and cointegration tests [J]. Energy Policy, 2009, 37 (02): 413 – 423.

[162] Long R., Yang R., Song M., et al. Measurement and calculation of carbon intensity based on ImPACT model and scenario analysis: A case of three regions of Jiangsu province [J]. Ecological Indicators, 2015, 51: 180 – 190.

[163] List J. A., Co C. Y. The Effects of Environmental Regulations on Foreign Direct Investment [J]. Journal of Environmental Economics and Management, 2000, 40 (1): 1 – 20.

[164] Lovely M., Popp D. Trade, technology, and the environment: Does access to technology promote environmental regulation? [J]. Journal of Environmental Economics and Management, 2011, 61 (01): 16 – 35.

[165] Levinson A., Taylor M. S. Unmasking the pollution haven effect [J]. International Economic Review, 2008, 49 (01): 223 – 254.

[166] Liddle B., Lung S. Age-structure, urbanization, and climate change in developed countries: revisiting STIRPAT for disaggregated population and consumption-related environmental impacts [J]. Population and Environment, 2010, 31 (05): 317 – 343.

[167] Lise W. Decomposition of CO_2 emissions over 1980 – 2003 in Turkey [J]. Energy Policy, 2006, 34 (14): 1841 – 1852.

[168] Mazzanti M., Montini A., Zoboli R. Mazzanti M., Montini A., Zoboli R. Economic dynamics, Emission trends and the EKC hypothesis. New evidence using NAMEA data for Italy [J]. Economic System Research, 2008, 20 (03): 279 – 305.

[169] Mongelli I., Tassielli G., Notarnicola B. Global warming agreements, international trade and energy/carbon embodiments: an input-output approach to the Italian case [J]. Energy Policy, 2006, 34 (01): 88 – 100.

[170] Martínez-Zarzoso I., Bengochea-Morancho A., Morales-Lage R. The impact of population on CO_2 emissions: evidence from European countries [J]. Environ-

mental and Resource Economics, 2007, 38 (04): 497 – 512.

[171] Mutafoglu T. H. Foreign Direct Investment, Pollution, and Economic Growth: Evidence from Turkey [J]. Journal of Developing Societies, 2012, 28 (03): 281 – 297.

[172] Nasir M., Rehman F. U. Environmental Kuznets Curve for carbon emissions in Pakistan: An empirical investigation [J]. Energy Policy, 2011, 39 (03): 1857 – 1864.

[173] Malla S. CO_2 emissions from electricity generation in seven Asia-Pacific and North American countries: A decomposition analysis [J]. Energy Policy, 2009, 37 (01): 1 – 9.

[174] Ozturk I., Acaravci A. The Long-Run and Causal Analysis of Energy, Growth, Openness and Financial Development on Carbon Emissions in Turkey [J]. Energy Economics, 2013, 36: 262 – 267.

[175] Ozcan B. The Nexus between Carbon Emissions, Energy Consumption and Economic Growth in Middle East Countries: A Panel Data Analysis [J]. Energy Policy, 2013, 62: 1138 – 1147.

[176] Ozturk I., Acaravci A. CO_2 emissions, energy consumption and economic growth in Turkey [J]. Renewable and Sustainable Energy Reviews, 2010, 14 (09): 3220 – 3225.

[177] Okushima S., Tamura M. Multiple calibration decomposition analysis: Energy use and carbon dioxide emissions in the Japanese economy, 1970 – 1995 [J]. Energy Policy, 2007, 35 (10): 5156 – 5170.

[178] Okushima S., Tamura M. What causes the change in energy demand in the economy?: the role of technological change [J]. Energy Economics, 2010, 32 (01): 41 – 46.

[179] Paul S., Bhattacharya R. N. CO_2 emission from energy use in India: a decomposition analysis [J]. Energy Policy, 2004, 32 (05): 585 – 593.

[180] Perkins R., Neumayer E. Fostering Environment Efficiency through Transnational Linkages? Trajectories of CO_2 and SO_2, 1980 – 2000 [J]. Environment and Planning A, 2008, 40 (12): 2970 – 2989.

[181] Perkins R., Neumayer E. Transnational linkages and the spillover of environment-efficiency into developing countries [J]. Global Environmental Change,

2009, 19 (3): 375 – 383.

[182] Panayotou T. Empirical Tests and Policy Analysis of Environmental Degradation at Different Stages of Economic Development [R]. International Labour Organization, 1993.

[183] Pao H., Yu H., Yang Y. Modeling the CO_2 emissions, energy use, and economic growth in Russia [J]. Energy, 2011, 36 (08): 5094 – 5100.

[184] Pao H., Tsai C. CO_2 emissions, energy consumption and economic growth in BRIC countries [J]. Energy Policy, 2010, 38 (12): 7850 – 7860.

[185] Pao H., Tsai C. Multivariate Granger causality between CO_2 emissions, energy consumption, FDI and GDP: evidence from a panel of BRIC countries [J]. Energy, 2011, 36 (01): 685 – 693.

[186] Pao H., Tsai C. Modeling and forecasting the CO_2 emissions, energy consumption, and economic growth in Brazil [J]. Energy, 2011, 36 (05): 2450 – 2458.

[187] Porter M. E. Toward a new conception of the environment-competitiveness relationship [J]. The Journal of Economic Perspectives, 1995, 9 (4): 97 – 118.

[188] Rhee H., Chung H. Change in CO_2 emission and its transmissions between Korea and Japan using international input-output analysis [J]. Ecological Economics, 2006, 58 (04): 788 – 800.

[189] Richmond A. K., Kaufmann R. K. Energy prices and turning points: the relationship between income and energy use/carbon emissions [J]. The Energy Journal, 2006, 27 (04): 157 – 180.

[190] Shrestha R. M., Timilsina G. R. Factors affecting CO_2 intensities of power sector in Asia: a Divisia decomposition analysis [J]. Energy Economics, 1996, 18 (04): 283 – 293.

[191] Saboori B., Sulaiman J., Mohd S. Economic Growth and CO_2 Emissions in Malaysia: A Cointegration Analysis of the Environmental Kuznets Curve [J]. Energy Policy, 2012, 51 (01): 184 – 191.

[192] Shahbaz M., Kumar Tiwari A., Nasir M. The Effects of Financial Development, Economic Growth, Coal Consumption and Trade Openness on CO_2 Emissions in South Africa [J]. Energy Policy, 2013, 61: 1452 – 1459.

[193] Saboori B., Sulaiman J. CO_2 emissions, energy consumption and econom-

ic growth in Association of Southeast Asian Nations (ASEAN) countries: A cointegration approach [J]. Energy, 2013: 813 – 822.

[194] Stern P. C., Dietz T. New Tools for Environmental Protection：：Education, Information, and Voluntary Measures [M]. Washington D. C.: National Academies Press, 2002.

[195] Tong H. On a threshold model [M]. Amsterdam: Sijthoff and Noordhoff, 1978.

[196] Tun G. I., Türüt-Asik S., Akbostanci E. A decomposition analysis of CO_2 emissions from energy use: Turkish case [J]. Energy Policy, 2009, 37 (11): 4689 – 4699.

[197] Tamazian A., Chousa J. P. E., Vadlamannati K C. Does higher economic and financial development lead to environmental degradation: evidence from BRIC countries [J]. Energy Policy, 2009, 37 (01): 246 – 253.

[198] Tian X., Chang M., Tanikawa H., et al. Structural decomposition analysis of the carbonization process in Beijing: A regional explanation of rapid increasing carbon dioxide emission in China [J]. Energy Policy, 2013: 279 – 286.

[199] van Nes E. H., Scheffer M., Brovkin V., et al. Causal feedbacks in climate change [J]. Nature Climate Change, 2015, advance online publication.

[200] Weber C. L., Peters G. P., Guan D., et al. The contribution of Chinese exports to climate change [J]. Energy Policy. 2008, 36 (09): 3572 – 3577.

[201] Wang T., Watson J. China's carbon emissions and international trade: implications for post – 2012 policy [J]. Climate Policy, 2008, 8 (06): 577 – 587.

[202] Walter I., Ugelow J. L. Environmental policies in developing Countries [J]. Ambio, 1979: 102 – 109.

[203] Wynn T. Economic Freedom: A No-Regrets Strategy for Reducing Global Energy Consumption [R]. The Cascade Policy Institute in Oregon, 2010.

[204] Xu M., Li R., Crittenden J. C., et al. CO_2 emissions embodied in China's exports from 2002 to 2008: A structural decomposition analysis [J]. Energy Policy, 2011, 39 (11): 7381 – 7388.

[205] Winkelman, A. G. and M. R. Moore, . Explaining the differential distribution of Clean Development Mechanism projects across host countries [J]. Energy Policy, 2011, 39 (3): 1132 – 1143.

［206］Yabe N. An analysis of CO_2 emissions of Japanese industries during the period between 1985 and 1995 ［J］. Energy Policy, 2004, 32 (5): 595 –610.

［207］Yue T., Long R., Chen H., et al. The optimal CO_2 emissions reduction path in Jiangsu province: An expanded IPAT approach ［J］. Applied Energy, 2013, 112: 1510 –1517.

［208］York R. Demographic trends and energy consumption in European Union Nations, 1960 –2025 ［J］. Social Science Research, 2007, 36 (03): 855 –872.

［209］Yildirim E. Energy use, CO_2 emission and foreign direct investment: Is there any inconsistence between causal relations? ［J］. Frontiers in Energy, 2014, 8 (3): 269 –278.

［210］Zarsky L. Havens, halos and spaghetti: untangling the evidence about foreign direct investment and the environment ［M］. Paris: Organization for Economic Co-operation and Development, 1999.

［211］Zilio M., Recalde M. GDP and environment pressure: The role of energy in Latin America and the Caribbean ［J］. Energy Policy, 2011, 39 (12): 7941 –7949.

［212］Zheng X., Yu Y., Wang J., et al. Identifying the determinants and spatial nexus of provincial carbon intensity in China: a dynamic spatial panel approach ［J］. Regional Environmental Change, 2014, 14 (04): 1651 –1661.

［213］Zhao X., Burnett J. W., Fletcher J J. Spatial analysis of China province-level CO_2 emission intensity ［J］. Renewable and Sustainable Energy Reviews, 2014, 33: 1 –10.

［214］Zhou X., Zhang J., Li J. Industrial Structural Transformation and Carbon Dioxide Emissions in China ［J］. Energy Policy, 2013, 57: 43 –51.

［215］Zhao M., Tan L., Zhang W., et al. Decomposing the influencing factors of industrial carbon emissions in Shanghai using the LMDI method ［J］. Energy, 2010, 35 (6): 2505 –2510.

［216］Zhang M., Mu H., Ning Y., et al. Decomposition of energy-related CO_2 emission over 1991 –2006 in China ［J］. Ecological Economics, 2009, 68 (07): 2122 –2128.